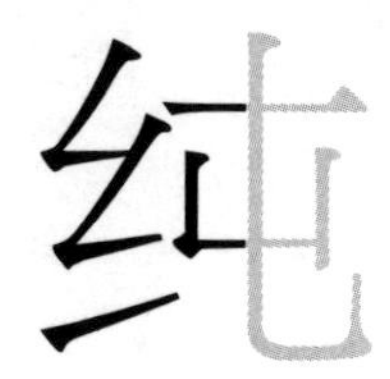

chun

cha

dao

纯茶道

蔡荣章 许玉莲／著

中国轻工业出版社

蔡荣章

序言一

纯茶道的意义

纯茶道说的是“只与茶有关”的茶道。什么是只与茶有关的“茶道”呢？就是泡茶、奉茶、品茶，再加上依附在这三项上的审美与艺术。泡茶者的长相、泡茶席的布置、品茗环境中的插花、音乐、挂画，泡茶、奉茶、品茶衍生出来的宗教、道德，都不是“只与茶有关”的茶道。这些非茶的项目，可以包含在“茶文化”的范围，也可以包含在广义的“茶道”内，但是如果强调“纯茶道”，就不包括在内了。

依附在泡茶、奉茶、品茶上的审美与艺术，是指泡茶、奉茶、品茶三者本身的审美与艺术，是以这三项元素为媒介呈现的审美与艺术，而不是借茶发挥，看似在泡茶、奉茶、品茶，但谈的是做人、处世、养生的道理；或者看似这三大元素的呈现，但重点却在唱歌与跳舞。上面所说的审美与艺术，是泡茶、奉茶、品茶的审美与艺术，这与音乐只是声音的审美与艺术、绘画只是线条与色彩的审美与艺术、舞蹈只是肢体的审美与艺术是相同的道理，都是纯艺术的特有现象。如果除了这些直接的媒介，还加上其他的艺术项目来帮腔，如音乐加上肢体的表演、利用音乐诉说一段故事，都不是纯音乐。并不是说这样就不是茶道或不是音乐了，只是它不是纯茶道或不是纯音乐。

因为纯茶道不借助其他媒介，只能应用茶的本身，所以必须把茶（也就是泡茶、奉茶、品茶）应用得非常熟练，而且深知这三项媒介的美要怎样呈现、从什么地方去呈现、它们的艺术性又要怎么表达？美是独立的个体，艺术的是有机的生命体。当它们抛弃了故事情节、对身心的功能、对社会与经济的效益，就更无依无靠了，只能凭借着自己（即茶）的本事，去创作茶的语汇，并用于呈现美与艺术了，这就是纯茶道的真谛。

为什么要强调纯茶道呢？与其他艺术、故事、功能来共同成就茶文化的世界，不是更有广大的空间吗？理由有二，一是专业与专精，单独对“茶”的挖掘已不容易，况且还要再加上其他的项目？除非只是泛泛之谈，只取其中有趣的部分。二是必须将茶道以纯茶道的方式来研究与练习，方能呈现茶道的精髓，茶道才有自己的躯体与灵魂，才能独立存在。其他的艺术项目与学科也是如此，只是茶道与茶道艺术尚未被要求到这个地步。

茶道与茶道艺术是两个范畴的生活领域，但是就“纯艺术”或者说是“纯学科”的概念而言是一样的。茶文化的范围可以宽广一些，茶道与茶道艺术就缩小了许多；茶道是就整个茶文化的范围而言的，只是侧重于人文的部分，茶道艺术则是以茶（泡茶、奉茶、品茶）为媒介所呈现的艺术。

2019年12月29日

许玉莲

序言二

纯茶道的创作技法

蔡荣章先生提出“纯茶道”观念是在2005年，无论在当年或置于今时今日，这都是一个非常超前的观点。当时，大家经历了20世纪80年代茶文化复兴初期，研发泡茶用具和茶法，茶道教室纷纷开张，研究如何泡好一壶茶；接着到20世纪90年代，茶界已经生产各种应用型茶具，也熟悉了泡茶技能，大家充满信心地举办茶会，甚至创作出了如“无我茶会”的茶会作品。以茶为核心来表现的茶会形成一定风气之后，茶界开始将其他艺术项目加入茶席，如音乐搭配、插花装饰、背景设计、做人道理与禅修等等，就是在这种严峻的时刻，蔡荣章发表标题为《茶道上纯品茗的抽象之美》一文，主张“茶道的美感与思想境界可以单纯从茶汤获得”。“纯茶道”思想认为，摒除了繁复的环境景物、色彩与声响，反而更能专心于茶的本身，就茶来欣赏其艺术价值与美。

上述文章，引起我很深的共鸣，之后我不间断关注纯茶道，也努力实施。2015年，我在福建《茶道》杂志每月专栏上发表《纯茶道蒸发到哪儿了？》一文，讨论茶席上只放与这次泡茶有关的器皿，茶会里只做与茶道有关的事，茶道不应放入非茶道因素如文学、空间设计、摄影、哲学、服装、焚香等，受到蔡荣章老师鼓励。于是我们不定期讨论纯茶道，写下稿子，终于成就此书。

此书由我编辑整理，分六章：第一章《茶道艺术的定位》，讲什么是纯茶道；第二章《纯茶道的创作》，说到为何而做；第三章《茶汤作品的现场制作》，说到纯茶道的场合、目的与方法；第四章《泡茶、奉茶、品茶的精神》，说的是茶道精神的提炼就在这种时刻；第五章《泡茶、评茶、赏茶的态度养成》，说的是茶人的看法与判断是怎么来的；第六章《茶道艺术家的尊严》，泡茶的人啊，您清楚地知道自己是谁吗？

当我们了然于胸，知道纯茶道是什么、为什么、在哪里、在何时、如何实现，以及其中谁是谁，我们就知道，“纯茶道”有一个不可缺的因素：好茶，并且茶道艺术家要有非“好茶”不泡的胆识。对茶的感情肤浅者不明白，茶如不好，是让身心郁闷之物，谈不上什么艺术，实在不应拿来喝。喝了不好的茶，身体要消耗很多能量去消化它，精气神变得萎靡，灵魂是很难庄严到哪里去的。

2019年12月31日

目录

茶道艺术的定位

纯茶道的创作

茶汤作品的现场制作

泡茶、奉茶、品茶的精神

泡茶、评茶、赏茶的态度养成

茶道艺术家的尊严

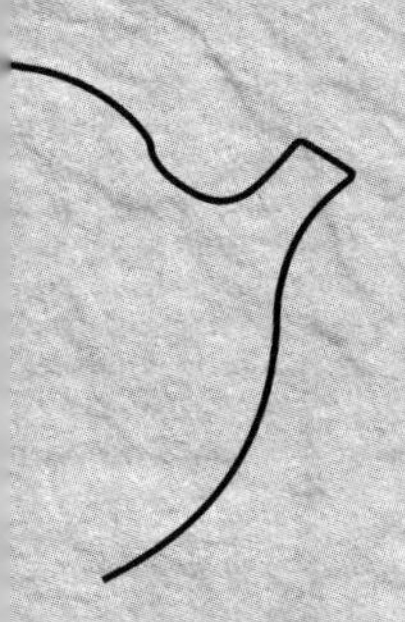

茶道艺术的定位

茶道艺术应归为口鼻的艺术

我们提到艺术，总是先想到绘画、音乐、舞蹈、戏剧、文学等，很少会想到茶道、烹饪、香水等。很多人会说：茶道、烹饪、香水根本不是艺术，绘画、音乐、舞蹈、戏剧、文学，自古就被认定为艺术，而且名家辈出，有许多作品流传，茶道、烹饪、香水哪有呢？我们冷静思考：这个问题是茶道、烹饪、香水够不上艺术的条件呢，还是人们没有付出足够的关心与努力？

大家首先想到的可能是该项艺术“作品”存在与保存的问题，我们确定：“存在”不是问题。绘画、音乐、舞蹈、戏剧、文学的作品可以很实在地存在于我们的身边，供我们欣赏，茶道、烹饪、香水也可以，我们可以喝到称得上作品的茶汤，吃到称得上作品的美味，闻到称得上作品的香气。但“保存”确有问题，绘画、音乐、舞蹈、戏剧现在已有精湛的录音录影技术，文学已有很好的印刷技术，但茶道、烹饪里的香与味，香水里的气，至今缺乏保存的技术。然而，这不是茶道、烹饪、香水是否能列入艺术之林的障碍，录音技术未开发之前，一首歌还不是听了就没有了。

绘画、音乐、舞蹈、戏剧、文学是借由视觉与听觉被接受的艺术，茶道、烹饪、香水则是依赖嗅觉与味觉（前两者被接受的途径还可能包括有视觉、触觉、意识，在此不加深论）。除有很好的保存技术之外，视觉与听觉也被古圣先贤（姑且让我这么称呼）研究整理得颇为清楚，视觉在美术界被整理成了点线面的设计基础与色彩学，听觉在音乐界被整理成声音的基本要素与合声学，但是嗅觉与味觉呢？不知道是香气与滋味原本就不容易有系统地整理，还是解析香味的高手未出。我们或许可以假设，香与味更具广泛而复杂的空间，人类还来不及理解和应用它们。

茶道艺术包括泡茶、奉茶、品茶（也只有这三者），前两者属于视觉的范围，后者属于嗅觉与味觉的范围，但后者中的茶汤，却是茶道艺术的关键性项目，缺少了它，根本就不是茶道。有些人认为有了泡茶，或再加上奉茶，就已经是茶道了，事实上，那只是像舞蹈和戏剧的表演部分，唯独茶汤的形成与享用，才是茶道的主体。甚至还可以进一步说，只是形成茶汤还不能算作茶道，要直到茶汤被饮用了，被享受了它的“美”之后，才算茶道艺术的完成。所以茶道应被归到口鼻艺术的范畴。

有人说茶汤的艺术性没有衡量的标准，那是不对的，只因缺乏对香、味的解析与综合的能力。同样的现象也发生在绘画、音乐等以视听为主的艺术上，有很多人到音乐厅听音乐，不到十分钟就睡着了，因为他对声音缺乏理解。但是为什么人们不会因为音乐厅有睡着的人而否定音乐的价值，却因为有人说茶汤没什么好喝的就对茶道要被列为口鼻的艺术而嗤之以鼻呢？

当然，茶道界必须说清楚泡茶、奉茶、茶汤的美在哪里，它们的艺术性怎样呈现，而且能够实际做出来。茶道常被归到眼耳的领域，忽略了口鼻才是它的归宿，因此在茶道呈现时，不论演示或自行享用，都特别重视泡茶席与品茗环境的布置，还要有配乐、插花、焚香、挂画等其他艺术的搭配，最重要的作品——茶汤却不被列为第一要务。我们要正视这个问题：茶汤才是茶道的主体，口鼻才是茶道艺术被接受的重要途径。口鼻对香味的解析与综合能力，是香味艺术的前期必修课程。

（蔡荣章）

茶道艺术为何定位在泡茶、奉茶、品茶

茶道艺术是指哪些内容呢？不同的定位会造成不同的呈现方式，正误也由此产生。第一，如果是指茶席与品茗环境，那大家就会尽情地钻研茶桌、桌布、茶具、服装等的搭配及周遭环境的布置，认为好的空间呈现才是茶道艺术。这是第一种定位，也是第一个错误。第二，如果是指茶与其他艺术的结合，那大家就会将音乐、插花、焚香、挂画、舞蹈、吟唱等加到茶席与泡茶过程中，认为缺少了这些，泡茶与喝茶就变得不够艺术了。这是第二种定位，也是第二个错误。第三，如果茶道艺术指的是茶道精神，指的是修身养性及做人处事的道理，那大家就喜欢穿上道袍，取用很多禅修的手势与典故，认为这才是茶道的精髓。这是第三种定位，也是第三个错误。第四，如果将茶道艺术定位在泡茶、奉茶、品茶，那人们就会专注到泡茶的本身、茶与人的关系、茶叶茶汤及叶底的欣赏，认为茶道艺术要从茶的本身去追求，艺术与思想就在其中。这是第四种定位，也是茶道艺术正确的定位。

因为有人误以为，泡茶、奉茶、品茶没有什么好看与享用的，结果就有了上述那么多茶以外的附加物与大道理，来“帮助”茶成就艺术。事实上，茶道艺术必须以“自己”为呈现的形式与内容，不假手他人；其他艺术如音乐、舞蹈、绘画、文学等，也各有它们俱足的本色，不依赖其他艺术项目或这些项目共有的“修身养性及做人处事的道理”来帮腔。依照上述的思路，茶道艺术只能以茶本身的艺术性来呈现，包括好的茶、精湛的泡茶技术、心无旁骛地奉茶、懂得“色、香、味、性、形”地品茶。

进一步探讨，为什么定位在泡茶、奉茶、品茶呢？因为茶道艺术的媒介就是泡茶、奉茶、品茶，不是音乐，也不是插花。其中“泡茶”用以创作茶汤作品，茶汤作品的完成，除了看与闻外，还要把它喝了，这是“品茶”，作品创作与品饮之间会有“奉茶”，不只奉茶给别人，也奉茶给自己，奉茶不只表现了人与人、人与物的美，也影响了茶汤的品饮效果。以上是茶叶泡饮的全部过程，这个过程不只完成了茶干、茶汤、叶底的欣赏与茶汤的享用，还产生了人与物间的情感与往来，都是茶之美与思想呈现的媒介。

为什么不定位在单纯的茶汤呢？这样的茶道艺术，其纯度不是更高吗？没错，泡茶、奉茶都是肢体的呈现，如果没有“为茶服务”的意识贯穿其间，很容易流于动作的表演。但茶道艺术要现场冲泡、现场呈献、现场品饮来完成，三项结合才是茶道作品的全部。

茶道艺术由泡茶、奉茶、品茶组成的观念，可用歌剧来对照说明。音乐是歌剧的主轴与灵魂，但是它又要简单的戏剧演出与文学（即唱词）来协同呈现，如果将戏剧演出与唱词的传意去掉，就变成纯音乐了。茶道艺术是泡茶、奉茶、品茶协同呈现，但是以茶汤为主轴，如果不是为茶而做，泡茶就只变成肢体的表演，奉茶只变成表现人际关系的戏剧，要泡茶、奉茶、品茶协同呈现，而且为茶而做，让人喝进肚里，欣赏与享受到茶汤，欣赏与享受到这一连串动作所呈现出来的美感与意境，这才是茶道艺术。

（蔡荣章）

辨味辨香的抽象能力

我们如何学会所喝的茶是什么香味呢？有饮茶者诉苦，他们不喜欢泡茶者在奉茶时就说话引导，如“A茶有野姜花香，你闻闻，野姜花香多野。这茶味道清甜浓稠，你喝喝，喉咙都被黏住了。”迫使饮茶者按图索骥，奔野姜花香去了，即使有饮茶者连野姜花也没见过，不曾体验过野姜花的香气是怎么一回事，也不得不顺着去附和A茶就是有野姜花香，然后还要忙着去看看喉咙是否被什么东西黏住。饮茶者未品尝茶汤，就被限制欣赏茶汤香味的范围，要是喝不出A茶带野姜花香，还会换来全席嘲笑，批评他喝不懂此茶；品饮者只好忍声吞气、囫囵吞枣结束品茶过程。也有讲究味之细腻品茶者可品出个面目来，不见得每位皆认同A茶清甜，带野姜花香；即便是野姜花香了，你认知的野姜花与他遇过的野姜花，因产地品种不同而生出天壤之别的馨香，浓淡清浊又岂会相同呢？显然香味是不宜划一的，欣赏茶汤如一味依靠标准指南背书了之，则茶味、制茶必然遭到简化，品茶者的嗅、尝功夫恐怕也趋向笼统。

要发展对香味的辨识，需亲身多喝，多比较，而且必须没有偏见，不带乡愁情绪，上穷碧落下黄泉，什么都能喝，嘴巴接受度非常宽阔。如我曾受英式下午茶影响，有机会喝遍进口自印度、斯里兰卡、印度尼西亚等地及欧洲各知名品牌红茶和调制奶茶，而居住当地人士祖籍多概括广东、广西、福建等地，故此相对容易获得各地特色茶，如普洱、寿眉、茉莉花茶、绿茶、单丛、六堡、佛手、铁观音、水仙、奇兰、铁罗汉、千里香等，这样自然形成一个允许频繁改换频道的嘴巴，身体就会从容地储藏着所有这些茶香味的信息。

同一种茶，不同焙火程度、不同年份、不同等级、不同产地、不同时间、不同人冲泡，到底都有些什么差异？香味会发生能量的转换，变为波动通过神经系统传递到大脑，成为记忆系统的一部分。嗅觉味觉难学，因为品饮者必须将香味数据储存在自己的记忆系统中，视觉听觉相对易上手，因为耳朵听到及眼睛见到的，都能够录制、保存、说明和传播，滋味和香气却无法做到真正记录，我们从茶汤中所得到的精微感受，口能言出的实在不及一二。

我们必须将每一次的饮茶经验记存在脑子里，还要能在脑海中做各种味道的比较。用食物的辣味来比喻，泰国菜的辣带酸甜；四川菜的辣带麻咸；马来西亚的咖喱辣中带椰汁香味；日本咖喱有果泥甜味等，这是比较基本味。甜酸苦咸鲜五味未必那么乖，排着队叫我们一个一个尝，第一口感是辣先入口、还是咸先入口？是辛酸还是酸甜呢？这是比较调和度的差异。吃了指天椒，觉得很辣很辣了，再吃墨西哥魔鬼椒，原来要比指天椒更辣十倍不止，这是比较辣度高低优劣了，辨认茶的基本味、调和度及优劣亦如此；这些所谓的“标准”将随着我们对味道多样化辨识以及嗅觉、味觉感官产生新体悟后，不断颠覆然后重建。茶泡饮者欲建立一套辨味辨香本领，是非常激烈的一回事，并非拿着几本香味标准指南来背就学会的，亲身多泡多饮，苦练是必须，更要培养感受精微变化的能力，因为我们得凭一口20毫升的茶汤就喝出它今生与前世；抽象判断能力尤为可贵，我们的思维因此才能做更深刻的香味比较。

（许玉莲）

茶道香味美学的构建

茶如果没有震慑人的力量，品质做得越来越差——不是说五十元有五十元的品质，五千元有五千元的品质这类观念——而是不管任何级别与价格，都有没做好的茶，喝起来没滋没味，不堪咀嚼，不具茶的香味，喝了比不喝难过。茶的味道不足够好喝，人们没有什么理由要找几只好用的茶器来泡它。整整齐齐弄一张茶席来侍候它，更是浪费心血。

任何一道制茶的程序做得不对，茶汤效果就不会出现应有的质地，比如发酵不到位，成茶会有臭青气；焙火未到位，成茶有水味；这些都是制茶者出差错的地方，我们实在不必虚与委蛇，也没有必要全神贯注、严阵以待一道品质欠佳的茶。按理说，歌者演唱走音会被观众喝倒彩、运动者失误会被扣分，舞者跳错舞步，粉丝会马上嘲弄地闹退票了。事情没做好、作品失败了，未能做出应有的水准，就会遭遇淘汰或被唾弃，没有人要买单。然而，茶界的人即使买到劣质茶、喝到了没水准的茶汤，大家也闷不吭声，仿佛说了出来就会成为一件没有品德的事情，喝茶者仿佛都必须墨守行规，说些泛泛赞美之辞，甚至还要宣扬：别太在意茶好不好喝，要感恩人家做茶做得那么辛苦；浓淡无所谓，最要紧是尊重泡茶者一番努力的心意云云。在茶席上大家只忙着“当一个好人”，焉敢提口与鼻之艺术享用，如果提了，大家就会说你低级趣味，只知道吃吃喝喝，故茶汤被荒凉已久。

这是茶界不健康的现象。茶叶品质没能好好依着该有的工序做好，都不可被理性地提出质疑；人泡了、喝了这些茶，统统不能客观地说出以茶论茶的看法，都要“隐恶扬善”，强调每个茶有每个茶的味道，每个人有每个人的喜爱才可以。谁提出疑问，大家便会责怪他在打击茶文化的发展。茶做得不好，是无助于发展茶产业的，因为人们喝了身体会不舒服，甚至不健康。故茶道艺术家泡茶时要坚持对做坏了的茶叶说不，绝对不泡、不喝制作不当的茶，从喝茶的最下游，反过来要求上游的制造者必须做出好茶，才向他们买茶，这是我们的反思。

我们提出，现在是时候整理属于茶道的香味美学系统了，首先茶界需要制好茶，有好茶卖。没有好的茶叶，茶道艺术家无法表现茶道艺术内涵。茶道艺术家获得好的茶叶作品，才谈得上要呈现一个好的茶道作品，如此才能将香味发展成口鼻之艺术。我们喝到的茶是不是让我们觉得很愉快？愉悦才产生美感，坏的茶喝了让人身心灵都郁闷，引不起我们的爱恋。青涩味太重、寒性太重的茶，喝了身体有负担，感觉饥饿胸闷，不能舒畅地一口接一口喝，那就产生不了美。

培养茶道香味美学，首先要有培养自己成为“杂食者”的观念。所谓杂食，即如果他也学习欣赏音乐、画作、歌唱、舞蹈、建筑等，那么当你问他听何种音乐，他不会回答你只听古典音乐（认为较高雅）而绝对不听流行音乐（认为较低俗），他会说：只要好的音乐都听。这表示他已经摆脱音乐选择的困扰，见识日渐成熟。“杂食”在茶道代表各个不同层次与境界的茶，要喝遍不同地域、季节、山场、价格、制法的茶，“杂食者”除拥有敏锐的感官与过人的记忆力，还需要有开放的心态与健康的体魄，提炼茶汤之美，当坏茶好茶统统喝遍，茶道艺术家才有客观能力分辨优劣，才能开发“好好喝茶，欣赏茶汤”之美学系统。

（许玉莲）

茶汤由哪些元素形成

我们说“茶道”，实际上就是在说喝茶汤。谈茶叶欣赏，除了品饮茶汤之外，尚可扩展到未冲泡之前的“干茶”与冲泡之后的“叶底”，但实际喝进肚子里的是茶汤。干茶与叶底的欣赏是透过视觉、触觉与嗅觉，茶汤的欣赏是透过味觉、嗅觉与视觉。

味觉对茶汤的欣赏是品茶的滋味，嗅觉对茶汤的欣赏是闻茶的香气，视觉对茶汤的欣赏是观茶的汤色，这些滋味、香气、汤色内都含有“茶性”，所以总结形成了“茶”的物质基础（喝到的）与茶的个性（体悟到的）。

我们从茶汤欣赏到的色、香、味、性，都是从成品茶（即干茶或茶粉）浸泡而来的吗？想来是理所当然，但事实上，除了茶本身以外，还包括了浸泡茶叶的水（含温度）、用于浸泡茶叶或搅击茶粉的容器（如茶壶、茶碗）、品饮茶汤的容器（即杯子或茶碗）、冲泡或搅击茶叶的技术。

第一，茶叶质量是茶汤品质与茶性最主要的形成部分，这包括了茶叶类别的差异，如不发酵茶、部分发酵茶、全发酵茶、后发酵茶的不同，以及茶树品种、土壤状况、耕种方式、制茶技术等的差异。

第二，同一罐茶，一壶用软水浸泡，一壶用硬水浸泡，给予同样的泡茶技术，硬水浸泡出的茶汤一定香气不扬，汤色浑浊，整个改变了茶汤的组成部分。水质对茶汤的影响还包括有没有杂味、水中矿物质的组合状况、鲜活程度（与水中空气含量有关）、煮水壶的材质、烧水的燃料（如电、炭或煤气）等。

第三，用不同材质的冲泡器泡茶，得出茶汤的效果是不一样的。这也不得不说是茶汤组成部分起了变化，这个差异是可以用嘴巴察觉出来的。冲泡器的材质有银、陶瓷、玻璃等，其中差异包括各材质原料纯度（如银的纯度）与烧结程度（如陶瓷与玻璃的硬度）的不同。浸泡或搅击出茶汤后，盛放的容器还继续改变着茶汤的品质，这时影响的是茶汤成分在水中的存在状况，成分存在的状况就会影响口感。经验告诉我们，将泡妥或搅击好的茶汤倒进茶盅内，用茶盅将茶汤分倒入杯内，茶盅与茶杯的材质都会影响茶汤的品质，这时是偏向茶性的改变。

第四，泡茶技术之影响茶汤品质是显而易见的，如泡得太浓或太淡了，水温用得太高或用得太低了。同样一罐茶，给两个人冲泡或搅击，不是高下立见就是风格各异。我们不能轻估甲比乙多放的一点点茶叶，结果就是不一样。可能二杯的浓淡不一样，可能二杯的浓淡差不多，但是口感有了差异；有时只是风格的差异，有时是造成了茶汤品质的高下。

谈论“泡茶”，甚至于谈论“茶道”，都是聚焦于茶汤的品质与风格，然后才延伸到泡茶与奉茶。不能说还包括了泡茶者的长相、穿着，还包括了泡茶席、品茗环境，还包括了配乐、观众，以及是在什么场合泡茶。虽然这些都会影响泡茶者、品茗者、观众对茶会的认知，但是我们并不要它们影响泡茶者、影响茶汤、影响品茗者、影响观众。当我们评估这席“茶道艺术”的呈现之时，我们是摒除泡茶者的长相和泡茶席的视觉效果的，当然也不管是在什么场合泡茶。

（蔡荣章）

泡茶煮水的激情

泡茶首先是找到要用的水，或处理好要用的水，接下来是煮水。用什么壶煮水呢？现代我们暂时不说用什么釜煮水，因为壶被用的机会比较多。高纯度的银壶烧出来的水质比较滑顺，煅烧到位的铁壶烧出来的水质比较清纯，其他如编号304以上的不锈钢壶、原始泥矿烧成的煮水陶壶，都能维持水的本质，也是不错的煮水器。

煮水器的底部要宽而平整，这样受热面平均，如果热源供应也平均，就会给水带来平稳的热力波动，再加上水壶材质提供的美好波动，被烧煮的水就有了完美的水分子组合，造成口感的滑顺与清纯。

使用铁壶煮水，壶内不可以生锈，也不要烧上或镀上一层其他的材质。每次用毕要倒干，趁热打开盖子，盖子另外倒置，利用余热烘干壶身与壶盖，这样就不会生锈了。

煮水壶的容量最好在1200毫升左右，太小需要不断加水，太大则会变得太重，操作起来不方便。银壶和铁壶的材质比较重，所以都会制成提梁式，倒水时要握住提梁背向壶嘴一端的下半部才省力，所以提梁上若加隔热材料，应延伸到这个部位。银壶和铁壶的壶盖往往舍不得挖气孔，煮水时将盖子斜盖一角露出一道缝隙，是让蒸汽冒出的方法，但是会熏到提梁。另一个方法就是购买壶嘴接在壶腹上半部者，加水时不要满过壶嘴所在的水孔，留出部分水孔作为蒸汽外冒的管道。壶嘴一定要断水良好，否则不只滴水到桌面，久之还会在壶嘴外留下一道痕迹。

煮水的燃料以炭火与电力效果最佳，煮出来的水质较甘洌，条件不允许时，天然气、去渍油、木柴等也可以。不管炭火、电力或其他燃料，热力要平均分布在煮水器的底部。炭火最好用炭盆，因为炭盆的容炭容灰空间较大，没有气窗，火力比较稳定。木炭点燃后，用灰覆盖炭火，利用盖灰的厚薄调节火力、调节水温。不烧水时，堆上厚厚的一层灰，炭火不会熄灭，木炭也消耗有限。使用电力时，最好用远红外线发热的电炉，发热的炉面与煮水器底部的面积相当且密合。炭火覆灰与使用远红外线发热的电炉都是不用明火而利用远红外线加热的道理，令水分子有较完美的组合，水的口感更清爽绵延。

覆灰的炭火温度更高，炭火完全燃烧，不会产生一氧化碳危害身体。高温的盆面一片雪白，降低燥热感，天冷时，围炉泡茶，暖暖和和。还可以调暗灯光，拨开厚厚的白灰，让火红的木炭现出一轮明月形。

如何找好的水、煮水壶要用怎样的材质、要用怎样的电炉、要找怎样的木炭，永远都追求没完。不要想止于至善，要适可而止，这是对器物要求的原则。但是不能说泡茶重在载道——任何器物、任何燃料都可以达到道的境界——甚至于讥笑上述所言是物质追求的末道。

泡茶、茶汤载负着茶道里的艺术，泡茶、茶汤的品质与水、煮水的壶与燃料、茶叶本身的品质联结在一起，因此对这些“物”的项目必须讲究。只是我们要量力而为、适可而止，不要忘掉了泡茶的功夫、对美学与艺术的精进，否则又变成了追逐茶道物质的一群人。

（蔡荣章）

茶杯与茶汤的心事

当我确定容器的材质会影响所盛的液体后，我就很关心喝茶的杯子，虽然我知道这个道理同样会发生在咖啡、酒与汤上，但爱喝茶的人当然优先考虑到茶壶与茶杯。茶壶的故事与杯子差不多，先说说杯子。

有一天，在店里看到一只心动的杯子，买了回来，当然是觉得它会喝来不错，但职业病似的，总忍不住要与茶席上的“冠军杯”比一比。泡好一盅茶汤，倒在两只杯子内，一喝，却发现新宠是略逊一筹，心有不甘，认为公平性有问题，因为温度有点差异，于是两个都先烫过，大一点的那杯在倒茶时少倒一点，这样大杯子的茶汤就不至于热了一些。再喝一次，还是觉得新杯子的茶汤没那么“晶莹”，再用白开水试，结果还是一样。新买回来的杯子只好束之高阁。别人送来的杯子也是一样，会与原有的“冠军杯”比一比。比胜了，就留在茶席上当新的“冠军杯”，比输了，太差的扔到一边，有特点的，如青花瓷、铁釉结晶、柴烧等，留着当教材，一方面便于讲解这些陶瓷产品的不同，一方面说明陶瓷品相与喝茶效果没有一定关系，重要的还是在烧结的程度。

到现在，我已对我的“冠军杯”有点信心，相信不至于明后天就被淘汰，于是设法拥有了一二十个，这样朋友来了才能接待他们喝茶，举办茶道艺术家茶汤作品欣赏会，也才有足够的杯子可应付两场品茗者使用。但这些杯子是否就能稳坐冠军宝座？希望是，否则又要花钱买新的，又希望不是，人总是那么不知足，期待有更好的，期待知道更好的杯子是如何呈现茶汤。

有位资深评茶工作者A君，两年前与我讨论“好杯子对茶汤好”的问题，他只轻描淡写地说：“那是心情、环境造成的差异。”实际倒茶给他比较，他喝了还是说：“差别不大。”当时他还补充了一句：“要有多次、多人的盲审报告才能说明问题。”所谓盲审，即设法让受测者不知道喝的是哪个杯子的茶，如杯形一致，又让受测者戴上手套。我说：“受测者的知味、知茶能力不够时，反而容易造成错误的结果。”但是他却说：“要懂与不懂茶、知与不知味的人一起受测才客观。”这点有如我们在谈论评茶要由评茶员还是消费者从事一样，有人认为茶是消费者要喝的，要由消费者来评。说到这里，我就没再与他继续谈下去了。不懂茶、不知味的人怎能为呈现茶与茶味的杯子发言？

前几天我又与A君相逢了，他说现在他要求审评室的人要为他准备一个固定的评茶员用杯。好像已发现用不同杯子审不同时段的茶叶是不公平的。我加了一句话：“不只评不同批次的茶要用同一种质地的杯子才公平，喝一款茶用不到位的杯子，对这款茶也是不公平的。”A君问：“为什么？”我说：“这批茶会抱怨，我是好茶，是你的杯子没那么好，把我降级了。”

当天碰巧有制陶朋友B君送来了一只油滴天目杯，我就用这只杯子与茶席上的杯子一起倒茶来喝，喝过了，洗一洗，也请B君与A君用同样的两只杯子喝。A君说：“茶席上的杯子比较聚香聚味，新来的杯子比较涣散。”时隔两年，A君终于道出了两个杯子明显的差异。

（蔡荣章）

茶器是泡茶师躯体的一部分

我们严禁任何人进入泡茶师的泡茶席来“玩泡茶”，或随便伸手抚弄泡茶师席上的茶具，大人与小孩都不准，如为了上课实习的需要，则安排另一些茶席让学生使用。若是考试或比赛的茶席呢，评审员可随意碰触茶具拿上来观看了吧？但我们认为评审员应下功夫，将看茶具的眼力培养好，集中火力，瞄几眼就看明白，而不必对茶具动手动脚，骚扰泡茶师。

很多人说：“泡茶师真小气，我们只是好奇摸摸而已。”或者“我们就是想让小孩玩一玩而已，何必如此严肃，伤了彼此和气。”可是，茶席和茶器不是玩具，就像书法家的笔墨纸、音乐演奏者的乐器、厨师的刀、插花者的花，这些器物都必须由赏识它的人们用于创作。泡茶师与茶具仿如知音，人与物有“把茶泡好”的共同心意，故此，茶席像是泡茶师躯体的一部分，那些茶与壶只听我们号令，其他人是无法驾驭的。更何况，属于表现特殊技艺的器物与用法，旁观者一时半刻要学会也并非易事，贸贸然动手抓取他人的专用物品来玩弄，难道可以不为自己轻率的态度感到抱歉，却反过来要求人家须对他的“和睦氛围”负责吗？

拿钢琴来说，钢琴师都会非常注意弹琴时手指甲不能过长，以防键盘受损伤；不能随便就掀起琴盖，这样很容易将尘土飘落到琴键上和琴键缝中，对钢琴是有害的；钢琴表面也时时要保持干净，包括不要有手印；钢琴还要减少震动以避免音律不正或产生杂音，雇请钢琴调音师的开销相当昂贵；所以钢琴师们非常不乐意让人碰自己的钢琴，除了因为旁观者不懂其中窍门之外，还由于钢琴师与钢琴朝夕相对，早已成为好朋友，实在不忍心看到好朋友被乱摸乱按。此观念在茶道中也如此，茶席上的某茶可能是一个比大家还要老的六堡茶老人家，某壶是与泡茶师彼此相惜、同甘共苦的知己，岂容人人伸手就抓？对物轻慢无礼，当作“玩具”，只要自己高兴玩就玩，不懂得尊重某些物品属于别人时就不能随意拿取，这种态度是有点不对劲呀。要先征得对方同意，即使对方不同意让你碰触，你仍然尊重对方的意愿，那才叫和美呢。

古代茶画中常显示茶席中煮水、烹茶者是代劳仆人，喝茶者皆为其主人及朋友，换句话说，那些茶器都属于喝茶者而不是烹茶者的，故喝茶者边喝茶边任意把玩。现今也有任由路过者或喝茶者随手玩玩或取拿茶器的地方，那是销售茶叶茶具的茶行。很多茶博览会上也流行茶艺体验，让大众东摸摸西摸摸拍照上传，都属于营销手段之一。

但凡任何正式呈献茶汤作品的场合，由专业泡茶师掌席的茶席，泡茶师知道好茶叶和好茶器长什么样子，看透了各种茶叶的茶水比例怎样才叫恰当，对水温、注水、浸泡时间、出汤的时间掌控已到了让人着迷的地步；这些泡茶师进行整个泡茶、奉茶、喝茶的过程等同在创作一个作品。这一些作品从现场空气、光影、声音、物物、人人、人物慢慢收拢至一席、一人、一手、一壶、一叶、一滴水的焦点中，又从一杯茶汤扩散至眼、耳、口、鼻、心肝、脾肺、手指、脚底、后脑、头顶、魂魄至人物、人人、物物、声音、光影、空气，如数如是，激荡几个回合至结束，除非泡茶师精心地加以调整，否则整个过程无法让人感受波动，也就无所谓茶汤作品，而这整个激荡过程主要由茶器传递，这就是我们不允许旁人玩弄泡茶师茶器的原因。

（许玉莲）

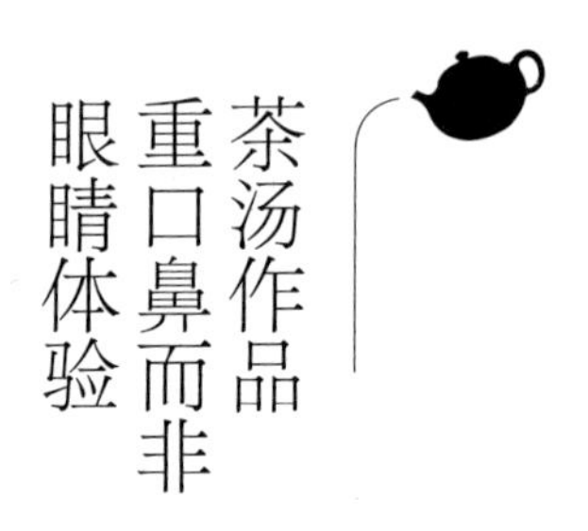

茶汤作品重口鼻而非眼睛体验

社交网络近来出现话题：有人要为食物申请版权，一碟碟经过摆盘、布局、装饰、排色等设计成固定形状的食物一旦获得版权，则该食物所呈现布局与设计的样子即是某厨师的作品（无固定布局设计的食物叫菜肴），外人不得随意拍照上传或模仿它的样子。至于其烹调法与香味效果是否属于作品的部分，并无人提及，版权似只注重肉有几片、红萝卜叠成三角形或圆形、肉与西蓝花相隔几厘米之类的视觉效果，烹饪技术与味道反而抛诸脑后。另外，社交网络上也爆红了“咖啡拉花”，此类咖啡的最后一道工序是往浓缩咖啡中倾倒发泡后的牛奶，同时用牛奶在咖啡上“拉”出不同图案。比如：米老鼠、顾客的脸等，有了图案视觉效果的咖啡被誉为艺术作品，大家非常佩服咖啡师懂得在咖啡上“画出”那么多图案，忘记了“原咖啡”的咖啡讲究豆源、煮法、品质、滋味，那才是优秀咖啡应讲究的元素。

上述情形与泡茶很相似，有位茶道老师原来教泡茶，最近也教插花，插花班的人数一下子超越泡茶班，后来找出原因：学生觉得把花插插就创作了一件花艺作品，而且花团锦簇的插花作品拍照发圈能得到很多赞。他们认为一杯一杯的茶汤没什么看头，拍了水汪汪的照片，也无人点赞，不学了。他们还要求茶道老师改开茶席设计班，把雅致的器物摆在铺满色彩缤纷桌布的茶席上，自己穿个大袍或仙装站在席边自拍，上传到社交网络，肯定比一杯茶汤好看，说不定还会成为网红。如今大家习惯性地刷手机，拍照发圈等赞，任何事物都要拍照为证，视觉渲染不可收拾，每样东西都必须吸住眼球，否则会备受冷落。本来以一杯茶汤来欣赏及判断茶汤内涵已经不是那么容易，茶汤是一件作品之观念似乎也不易找到认同，现今把一杯杯茶汤照片上传到网络，随便瞄一眼就要决定它究竟有没有欣赏价值，感动得了或感动不了，的确让人看得不着边际。

这样只用“眼睛”的年代，茶汤喝了就没了，也能当作是一件作品吗？大家似乎比较接受作品是有形的，像雕塑、捏陶、写生，或隔壁妇人烤的蛋糕、家里小孩用几张纸做了个四不像，无论水准高低，大家看见那么一件具体东西，一律叫“作品”，非常乐意真心激赏他们的创作。倒是这个茶汤看来看去，不过是有点颜色的水，看不出高低左右的层次感，看不出光与影的距离，叶子不是他们做的，装水的茶壶茶杯也不是，水更加不是，怎么把水倒进去倒出来，就变成是泡茶者的作品了？头壳坏了不成？

茶汤作品要如何展现魅力呢，单靠一张茶汤照片的视觉效果当然不行，茶汤作品必须在现场泡了喝，须在现场从备茶席、茶叶、水、茶器开始，到泡茶、奉茶、喝茶，至吃茶食、喝清水，最后清理收拾退场的整套程序，重要是口鼻艺术的体验，这正是现在社交网络只用手指滑动的生活里最欠缺的，真实的东西。

（许玉莲）

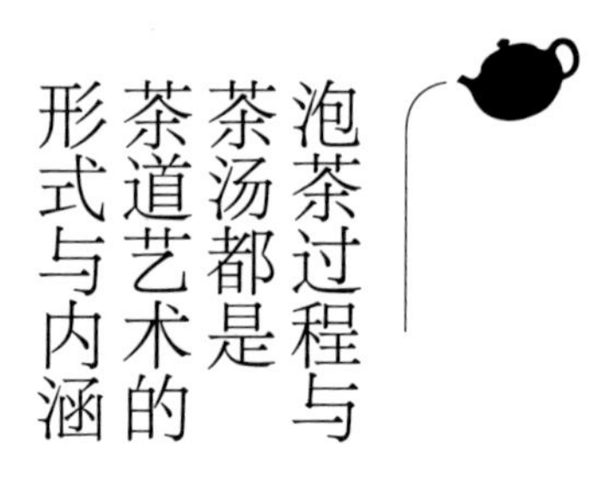

泡茶过程与茶汤都是茶道艺术的形式与内涵

在一次有关茶艺技能竞赛评分标准的研讨会上，因为我主张要提高茶汤在整个成绩上的占比（相对于茶席、服装、动作、礼仪等），到了会后闲聊时，有人说我特别重视茶的内涵。我一时没反应过来，我一直重视茶的内涵，为什么当我强调茶汤分数的占比时，他才说我特别重视茶的内涵？继续听下去才知道，他将泡茶过程与茶汤分开，他认为所谓的茶道艺术是指泡茶过程，茶汤是茶道的内涵。如果不沟通好这个概念，再说下去就是鸡同鸭讲。

我们泡茶、喝茶，就是茶道艺术所指的范围，说得再详细一点就是泡茶、奉茶、品茶，茶道艺术的形式是泡茶、奉茶、品茶，茶道艺术的内涵也是泡茶、奉茶、品茶，不能再分割成泡茶、奉茶是茶道艺术，品茶是内涵。会有这种说法，是误认为要看得见的泡茶、奉茶才可以称得上艺术；要喝得到的茶汤才可以称得上内涵。怪不得有人说茶汤不可以叫作茶汤作品，不可以拿来欣赏（要说成品饮）。

泡茶、奉茶、品茶是茶道艺术的整体，如同是一部茶道的交响乐。泡茶、喝茶的人是演奏者也是欣赏者，茶叶、泡茶用水参与了演出，茶具是乐器。就作品而言，泡茶是第一乐章、奉茶是第二乐章、品茶是第三乐章，它是以品饮茶汤为最终目标的艺术。如果你说茶汤没什么好欣赏的，宁可看泡茶和奉茶时的表演，那便是表演艺术的范畴了（不能称作茶道艺术，因为没有了茶）；你说我听不懂交响乐，但那么多人穿得那么漂亮，又有那么多名贵的乐器，我愿意看，那也是跑到表演艺术的领域去了（不能称作音乐艺术，因为没有了音乐）。

品饮茶汤经常被排除在艺术的范围之外，所以谈到茶道艺术时才会只意识到泡茶的动作。这要责怪茶道工作者，没将品饮茶汤的美感境界很好地介绍给大家，否则如果说茶汤一喝就没有了，而且无法记录，怎能称得上艺术？那么音乐、舞蹈不也都是一听一看便了（后来才有了录音、录影），但艺术价值依然被接受？有人说那是听的、看的，茶是喝的，不一样，而我认为，口鼻更有能力欣赏艺术品。

不把品饮茶汤纳入茶道艺术的范围，而说它是属于茶道的内涵，另有茶道艺术，很多人会把茶汤理解为：看茶艺表演还有得喝的饮料。茶汤被排除在茶道艺术之外，结果变成了：茶道艺术是泡茶和奉茶的表演，茶道是泡茶和奉茶表演加上做人处事的道理。事实是：茶道艺术包括泡茶和奉茶的过程与茶汤的品饮，既是形式又是内涵。

我们提倡纯茶道，不是只重视茶汤而忽视了泡茶与奉茶的过程，因为茶汤与泡茶、奉茶，是茶道艺术的整体，既是形式又是内涵，我们排斥的是非茶的项目与动作，如非茶、水、器、人在泡茶、奉茶、品茶间发出的声音，如造成干扰的肢体语言，如喧宾夺主的花与香，如非该席茶道艺术所自然呈现的意境。这些非茶的项目往往是美好的其他艺术，我们要接近它们、学习它们，让自己更具审美与创作的能力，但不是将这些艺术附加在茶席之上，这样做或许增加了热闹的气氛，但分散了茶道艺术的浓度，也降低了茶道艺术独立存在的价值。

（蔡荣章）

喝茶除了感官，还有体感效应

喝茶是口鼻之工作，闻香品味都需靠嗅觉与味觉两个感官去分辨，这香味是否清纯或浑浊？是否浓稠或寡淡呢？需喝懂了滋味，才懂这茶叶如何制、如何泡、如何买卖、如何在茶的名义之下发展茶道，如此，人才会精进与感动。感官不灵，则无法知道茶的好坏，便也说不上享受茶或审评茶品质了，要论茶道更是枉然。这训练感官，熟悉五味，原属喝茶必做的功课，理应要做好，不过与此同时，大家不要忽略了除味道以外，身体在喝到茶后所产生的体感与反应。当把茶喝进身体，内脏如胃、膀胱、肺、血管等会将自己的活动及变化的信息传入神经，再传向中枢，从而产生各种感觉，比如喝了制作不良或过于生青的茶汤会感觉饥饿、胀气、恶心等；反之，饮了品质佳的茶汤，身体也会出现另一些反应，比如整个口腔有种“化”的感觉、觉得全体通透、眼神闪亮、体内有股气缓缓行转、嘴巴生津等；这些都是非常重要的心得，只不过一些人的内脏感觉的分辨力弱，导致无法精确感受到什么，故此一说到感觉，就主观认为不靠谱。

其实身体会产生一种什么感觉，是一点也不神秘的事情。比如说“化”的感觉，是说茶汤入口后不会凝结成一坨，汤汁与口腔很融合，“化”

不是味道，不是因为有了A成分或B成分才产生的味道，而是感觉，例如辣是一种皮肤的灼伤感觉，“化”则是茶汤成分调配得很好，让人产生的舒适感。从嘴巴到喉咙、胸腔、肠胃至全身，很放松，很舒适，整个人就像被雨灌溉的土地般被润泽，胸口的郁闷一扫而光，那就是“化”，化掉了，便有了通透感，通透是指全身上下包括手指头、脚趾头都感觉到一股清澈感、纯净感。通透后较容易感受到气，当我们把一杯品质很好、香味很强的茶喝进肚子后，身体各部位的感受器能够感觉到有一股气在流转，虽然看不到、摸不着，但行气的感觉令人们通体舒畅，那刷新、充电的感觉，说不出有多痛快。坊间一般用“茶气”二字，不过是形容词，其实用“气”一字即可。这里不是说茶有一团气，我们可以将茶气喝到肚子里面，气不是一种物质，气是自身在体内产生的一种效应，喝了好茶、吃了好的食物的综合性反应。气不难懂，会呼吸的人就能够感觉到，气会随着血液和心跳流转，让人体觉得有温度，精神灵通，心情愉悦。

“生津”是品茶过程中很美好的身体反应，当喝到一款好茶，我们的嘴巴就仿佛长着一口泉，不断地涌出泉水，那就是冒口水，但津液并不全然指水分，它还有水谷精微的意思，因为口水里面包含着一些蛋白质及微量元素，可帮助我们消化吸收营养物质，滋润全身，一个人身体不舒服的时候，唾液分泌会减少很多，所以说口水是好东西。我们的体验是，并非所有的茶都会让人流口水，生津是从内向外的生理反应，人体感受到茶汤香味带来的清神下气之舒畅感，嘴里的唾液才会不断涌现，令整个口腔绵润；生津不是味道，它不像甜、酸、咸、苦、鲜这几种味道从外而内，感官只是被动地觉出了酸或甜，唾液涌现是消化系统的反应，前提是身体机能健康以及美味的饮食。津液能止渴，是让我们有活力的物质基础，所以我们觉得一款茶令人喝了会流口水是不可多得的好现象。

（许玉莲）

追求口鼻艺术美的茶汤店

茶汤店的出现是因为喝茶新族群冒出来了，这群爱好者有感受口鼻艺术之能力，懂得享受茶汤作品的美妙，是美的族群，故愿意掏钱出来让人泡茶给他们喝。茶汤的内容主要在味觉与嗅觉之感受，香与味在口腔中在上腭间骚动，扩散至肉体传送至大脑，让人们产生愉悦与幸福的满足感，这就是“美”，生活达到某个程度的文明以后，大家会有热情追求美、追求生活品位。茶汤店就是喝好茶的品位之生活化体现，花少许零用钱，就可以在很多地方喝到一碗专业人士泡的好茶，是实施精致茶道生活的方法。如果只是在茶博览会上才喝茶，或一定要跑去会泡茶的朋友那里方喝茶，那还停留在搞活动或社交的层面了。所以我们要为上述新族群开个茶汤店，让大家于日常生活里很方便可以买到一杯茶汤喝。即使他在家里缺少茶器、不是很懂泡茶，他也可以时常享口鼻艺术之美的滋味。

买茶叶的人不大会去买茶汤，两者不是同一个市场的人，有人说“干嘛我要去买你的茶汤喝，我家里有那么多好茶叶，犯不着来茶汤店喝”，他们还继续计算若干元买一斤茶叶，每次冲泡只不过用一小撮，这一小撮的茶叶钱比较起到茶汤店买茶汤划算得多。这话说得也不错，因此在过去大家总认为开茶行贩售茶叶即可，茶汤在茶行的身份是让客人试饮当作聚客和诱客的鱼饵，另一身份是接待客人的“礼仪”，都没想到把茶汤当作独立物品，是故市场缺乏卖茶汤的店，大家都以为只有茶叶可以卖，茶汤不可以卖，反观咖啡的市场就很不一样，有专卖咖啡豆的店，也有专卖咖啡的店，也有豆与咖啡兼顾的。

茶叶市场与茶汤市场的区别在于，茶叶是让顾客买回去泡，其实近年有些人把茶叶买回家后也不见得泡出来喝了，茶叶虽然卖出但并没有被喝掉，是茶界需要解决的危机，顾客家里的茶叶喝也喝不完，茶行的茶叶就没有回头客，就需要找寻新客源。茶行在促销茶叶时请客人坐下试茶的状况，原本很好，但目前慢慢演变成“被宠坏了”的习惯，顾客知道店家免费泡茶喝，大多一直坐在那里喝半天，聊自己的私事，并不向工作人员了解茶叶信息，也不买茶，茶行打算经营的买卖茶叶业务到头来是天天入不敷出，经营不良可想而知。茶汤市场则是现场喝掉或一面走路一面喝的，在路上走着想发呆一下、玩乐一下、歇息或身体就是渴望要喝一杯茶，茶汤店就可以提供这种体贴的照顾，茶汤店是实实在在把茶叶喝掉的市场。有些喜爱享用茶汤的人，他们不想买一大盒茶叶赶回家去冲泡，好比如想吃一碗牛肉面，不一定买回家煮，到面馆去大快朵颐一番，很多时候感觉更痛快，滋味更佳，因为面馆的手艺都已娴熟了。

茶汤店与三十年前的茶艺馆有什么不一样呢？过去的茶艺馆像租空间给别人用，顾客拿了泡茶用具与茶叶，自己泡茶喝、聊天什么的，在那边坐一整天，不管茶好不好喝，翻台率等于零，人工费与租金都收不回来，这是许多茶艺馆寿终正寝的原因。茶汤店是卖泡好的茶汤给人喝，喝完就走的。茶汤店潮流的兴起，让大众更容易享受到好茶，不必先学一大堆硬邦邦的知识，流于意识而忘了实际体会。

茶汤店的顾客是奔着茶汤的美味、茶汤下了肚子令身体舒畅、进而觉得精神愉悦那些个小满足来的，因此茶汤必须呈现出它的质感与美好，所以要有会泡茶的泡茶师驻场，过去茶艺馆的工作人员不一定要会泡茶，但茶汤店的茶汤作品都必须由专业泡茶者创作出来，茶汤店的茶具，茶叶都要很讲究，因为茶汤不佳，是没有人要买来喝的。

（许玉莲）

茶叶是作曲，泡茶是演奏

有人说：茶都做好了，泡茶还能改变它什么？不是怎样的茶就泡出怎样的茶汤吗？又说：只有茶的好坏，没有茶汤的好坏。这些话的对错姑且不说（事实上是错的），但都扯到了茶、泡茶和茶汤的关系。

但是如果说茶叶（指茶干）只是泡茶的原料，茶汤才是茶道的成品，又未免太小看茶叶了。茶叶是要专业的技术与天赋才能成就的，制茶的人必须精通茶青（即鲜叶）、萎凋、发酵、杀青、揉捻、干燥、入仓等知识与技术，才能完成“茶叶”这件作品，制茶师傅是应该受尊重的，茶叶应该被视为是一件作品。茶叶的原料是茶青，原料与作品不同，原料的天生成分化较多，作品则是加入了很多创作者的精力与意志。

茶汤也不能只看作是茶叶挤出来的汤，就如同橘子挤成汁一样。要把茶汤泡好，必须对茶叶、泡茶用水、茶具、水温、茶水比例、浸泡时间等因素有深刻的理解，进一步还要将泡茶、奉茶、茶汤当作是一件艺术的呈现，融入美学的元素。所以茶汤的产生也是一件作品的创作。

我们应该把“茶”的原料往前推到茶青，茶青的好坏就如同橘子有品种好坏之分、有栽培方法优劣之分、有环境气候条件之分，但人力塑造的成分不多。茶青可以说是原料，然而茶叶就不同了，从茶青变成茶叶是茶的另外一个生命的诞生，这个新生命的优劣，百分之七十依赖制茶师的功力。

从茶叶变成茶汤，就如同茶青变成茶叶，是茶的另一次生命诞生。茶青在茶树上成长到我们需要的程度，被采下作为茶的原料，这茶青是茶的第一个生命周期。茶青被制成可以泡来饮用的茶叶，是茶的第二个生命周期。从茶叶要变成可以被饮用的茶汤，是要泡茶者注入心血的，甚至还要让自身饱赋美学与艺术的细胞。茶的第一个生命周期造就的是原料，第二个生命周期的茶叶与第三个生命周期的茶汤都要被视为是“作品的创作”。

那么茶叶与茶汤这两件作品的关系如何呢？茶叶就像音乐的旋律，茶汤就像音乐的演奏（含歌唱）。要有好的旋律才会有好的音乐，有了好的旋律，没有好的演奏也是听不到好音乐的。茶叶做得很好了，但没有懂得泡它的人，好茶只好空藏瓮底，遇到不会泡它的人，好茶也只好忍痛被牺牲。会泡茶的人可以把茶叶作品表现得更好，也可以对茶叶作品从事第二次的创作，这时成就的茶汤可能比原先的茶叶作品更有魅力，因为加进去了泡茶者的力道，也可能发掘了原先茶叶作品可以再创造的另一种滋味与风格。

但是没有好的茶叶作品，就难为无米之巧妇了。没有好的茶叶，茶道艺术家无法创作好的作品，茶道艺术无法形成。

将制茶视为是一件“茶叶作品”的创作、将泡茶视为是一件“茶汤作品”的创作。不要让制茶只停留在农产品加工的印象，不要把泡茶只当作是把茶汤挤出来的劳务。“茶叶作品的创作”与“茶汤作品的创作”是茶文化亟待建立的两个观念。

（蔡荣章）

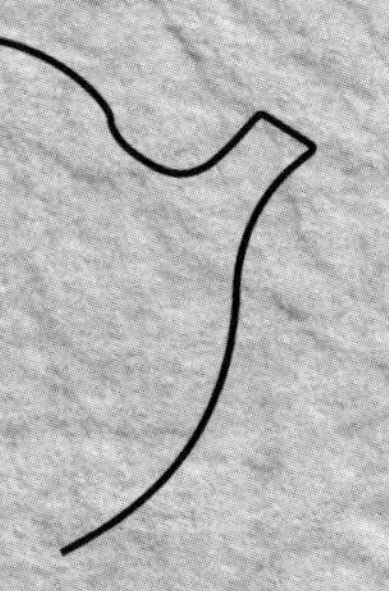

纯茶道的创作

茶道艺术如何创作，由谁来衡量

现在说茶道艺术，是将泡茶与喝茶视为一件艺术项目来创作、来享用，一般人是不会那么严肃的，就如同唱歌，平时哼哼唱唱，哪是每个人都当作艺术创作那么认真？而且也不见得每个人都有那种能力。但是现在，泡茶与喝茶已经可以提升到艺术的层面了，它的艺术形式与内涵都已经非常清楚，平时喝茶、泡茶，很容易就飞越到艺术的领域。

想要进入茶道艺术领域的人，最疑惑的是茶汤的部分，我的茶泡好了没有？我的茶汤是不是可以算作是一件茶汤作品了？这个时候最容易兴起的念头就是：去找评茶师评评看。我在一旁观看，就联想起了一个画面：一位画画的人画好一幅画，就拿去给艺评家看，希望艺评家说说自己画的是不是已经算一件好的艺术作品、自己是不是已进入一流画家的行列。如果真是那样，我说这一位画画的朋友难能成为入门的画家。

除非他找的这一位艺评家有先知先觉的艺术领悟力，而且点出的是这位画画朋友应走的方向，而不是告诉他如何运笔用色。艺术重在创作，艺评家有了正确的引导，也要艺术家有创作的能力。哪一位世界级的画家、音乐家是拿着自己的作品去请教别人而成就的？他们都是胸有成竹就直接表现出来，而且那胸中之竹是别人无法预知，甚至无法理解的。

茶道艺术家对茶汤的表现手法与内涵一定会有一些基础的认知，他还会利用水质、水温、壶质、茶水比例等来达到茶的“各种香味成分”的组配，以表现他想要的艺术境界。他不是依照每个“茶名”应有的汤色、滋味来泡，而是依照这泡茶的特性，再融入自己的美感与艺术要求。这时包含了艺术家特有的元素，不是只有那一种茶在商品品质标准上的“色香味形”的基本要求而已。

自己的美感与艺术境界从何而来？从对茶、美、艺术的理解，以及自己的人生特质。如何达到美感与艺术的要求呢？利用水质、水温、壶质、茶水比例等路径，达到所需的各种香味成分的组配。茶道艺术家所能做的也只是这些元素的组配而已，就像音乐家只是对声音的组配、画家只是对线条和色彩的组配，仅此而已。

茶汤是茶道艺术的最终作品，之前的泡茶和奉茶可以视为是创作与欣赏茶汤的一种过程，但也应该视为茶道艺术的一部分。广义的茶道艺术包括泡茶、奉茶、喝茶，狭义的茶道艺术只是茶汤与品饮。但是我总是把茶道艺术的范围划得大一点，包括了泡茶、奉茶，免得别人端了一杯茶过来，就说这是茶道艺术。我认为，要看你泡茶、大家一起喝茶（或是自己泡茶、自己喝茶）才算是完整的一件茶道艺术。

这样说来，也不可以把前面两项的泡茶、奉茶单独作为是茶道艺术的行为，否则会把茶道当作表演艺术来看待。泡茶、奉茶是为了完成茶汤作品而做，当这两项动作进行时，泡茶与喝茶的人都是直觉地意识到在等待茶汤作品的诞生。对泡茶和奉茶的动作不能像观赏表演艺术一样解读，而是以对茶汤的认知来欣赏，如看到用滚烫的热水冲泡，我们是意识到茶汤会呈现更激扬的风格；看到他放了那么多的茶叶，浸泡的时间又没有特意地缩短，我们意识到他是要表现较为浓郁的茶汤，当然也可能会把茶汤泡得太浓了。

（蔡荣章）

茶道内涵的信念

茶界里有许多不经思索、脱口而出的惯用语，仿佛不这样说，就会受他人排斥说自己不懂茶道，喝茶身份则不体面。大家盲目描述各种无甚深究其道理何在的词汇，事实上并没有完成传达看法的效果，缺乏自己思考即说出的说法，无疑是不懂得恪守原则、珍惜自己信念的怪象。

看一下，这些说法真能代表茶质很美吗？“自己亲手做”，这话在茶界掀起狂热，都说喝茶者要亲自深入茶山，餐风宿露，采叶炒茶，自己做茶才最美，旁的人也不敢反对什么，一致认为虽然非专业制茶者甚至是一窍不通，但“自己亲手做”足见其用心，茶就因而“美”了。这和“手工茶”一样是荒谬迷思。是否由茶人亲自制茶或茶叶是否手工做，与品质是否优美，其间没有必然关联，品质最重要的是取决于制茶者功夫是否到家。

“遵循古法”“传统工艺”，大家一听到祖传啊、年代啊等词汇便着迷了，不分青红皂白纷纷就说茶很美味。无可否认，累积长久经验是有把茶制作好的可能，但并不代表这可以成为一条判断品质好坏的公式。再说，总是嚷嚷“传统万岁”的另一面，是否也隐藏着不求精进的心态？

“很干净”“没有异味”，这些品茶心得大家天天说得好像有多么超然，那茶有多美的样子，我认为这是何等失礼的说法，对泡茶者专诚拿个好茶出来泡的真情是种冒犯，因为人们在喝茶前已经带着“茶会有怪味”的偏见，才会感觉“想不到可尝到没有异味的茶”。这种评论字眼使人误解茶本不应该干净似的，以及暴露评论者对茶的无知。

“纯料茶”是说同一时间从同一棵树上采下来的、同一等级的茶青制出来的茶。“古树茶”是说采摘树龄百年以上的茶青做成的茶。他们说没喝过古树纯料不算是喝过茶，听到一些专生产古树料的地名，就像疯了般，仿佛多了一根其他的茶都不行的样子，也不管讲的人懂不懂、茶叶是否真的纯料、质地是否达到美的标准。他们丧失了自身的判断力，听人说好，就赶紧去抢购。

“黑茶的金花越多越好”“白茶是一年茶、三年药、七年宝”，茶界把将这两句话当歌来唱。成品茶应当制作到上架就可以喝了，这是责任。要多少金花才是受欢迎的适饮期，每位品茗者要找出适合自己体质与口感；金花过多，则“菌味”增长，茶味削减，那时的口感会出现寡淡、薄弱的现象，并不美味。

听说这茶好，那茶美，就要去买才安心，否则喝起来总觉不过瘾，是在显露集体不思考的状况。那要怎么做呢？需真正了解影响制茶好坏的因素，把每个制程找出真正的道理。要从泡茶、茶叶、茶器、泡茶空间，一样一样去细细体会，真心诚意去思考，可显出美感与艺术的内涵，找到就要有信心去做。别看到没有人这样做就觉得心虚，茶道的美，茶道的好不是跟着赶“火”赶“红”的，对茶道的内涵要有自己的信念。

事实上，通过长期练习，一次又一次的培养自己的察觉力，才能抓出茶道的好处在哪里，茶道的美又美在哪里，到了那一天，我们会分辨得出其中的差异，即使它们是微小的。

（许玉莲）

茶道艺术如何形成

茶道艺术是要表现茶道的美，茶道的美分布在泡茶、奉茶、茶汤之间。这些的“美”是自然存在的，但是不一定都表现得很美。因为美有不同的层次，谈不上美的泡茶、奉茶与茶汤，我们是不会喜欢的，也不会把它视为茶道艺术。

谈得上美的事物经常存在于我们身边，如美丽的山光水色、美丽的花朵或落叶、美丽的人体，但是这种自然存在的美不会自动存在于泡茶、奉茶与茶汤之间。茶道艺术的美是泡茶者将泡茶、奉茶、茶汤的美呈现出来，而且呈现得有一定的高度，是人为创作出来的。

泡茶师与品茗者在开始的“赏茶”时，要专心了解茶的发酵程度、揉捻程度、焙火的轻重、陈化的状况、叶子的老嫩、叶形的大小、整碎的情形，以便决定接下来的置茶量、用水的温度、浸泡的时间。这样的专注程度与泡茶师平时养成的执壶手法、操作方式即构成了泡茶的美感与泡茶的艺术性，用以泡茶的壶、盅、杯与煮水壶、茶巾等，这时也参与了美感与艺术的构成要素。这时品茗者要与泡茶者同步关注茶叶，同步在心里判断置茶量、水温与浸泡时间。如果品茗者分神去聊天、玩手机，泡茶的过程将变得不美，泡茶者很难将泡茶创作成一件艺术作品。

茶叶泡到最恰当的时候，泡茶师会很有把握地提起茶壶，将茶汤倒入茶盅，再将茶汤分倒到每个杯子内。或端起“奉茶盘”奉茶，或由品茗者自行端起。这时的茶汤与杯子是泡茶师完成的茶汤作品，茶汤闪耀着美丽的颜色，飘送出美的香气。杯子的形态与泡茶师奉茶的仪态形成了奉茶的美感，这不只是奉茶的诚意与泡茶者的专业造成情绪的美，茶杯的质地也一起造就了茶汤的质感，有如泡茶用水与泡茶技术一般，都变成了茶汤美的组成部分。泡茶者、品茗者和杯子共同参与了“奉茶”这个过程的艺术性。

茶汤是整个茶道艺术的最终作品，也进入到了饮用的阶段。首先接触到的是汤色带给我们的发酵程度、焙火程度、陈化程度、浓淡程度的信息，接下来是鼻子欣赏到的香气，不同的发酵、焙火、陈化、浓淡程度是造成不同香气的根源。最后是饮用的阶段，喝进口腔后，马上又察觉到了香气的个性与强弱，这是口腔上腭的“后鼻腔”传出来的信息。口腔的上下左右前后也感受到了苦、涩、甘、活等各种“味”与“觉”信息，这些“味”与“觉”又形成了这泡茶的“茶性”。前面色香味的元素构成了茶汤之美的整体表现，其间的组合，也就是各种成分的“组配”（泡茶师利用茶量、水温、时间、器物材质的搭配所形成），告诉我们这件茶汤作品的美感程度与艺术含量的高低。

喝完茶，泡茶师往往会把泡过的茶叶掏出一部分放在盘上，让品茗者欣赏，这时茶叶在奉献完它一生的精灵后，赤裸裸地展现给大家观看。泡茶师与品茗者这时可以从刚才赏茶、泡茶、喝茶及这时眼前的叶底回顾起茶叶的前世与今生，前世是在茶树生长与茶厂制作的情形，今生是泡茶的过程与茶汤的表现。

泡茶、奉茶、茶汤是茶道艺术中“美与艺术”呈现的过程与道场，茶道艺术家会设法找寻适合自己创作的茶叶，然后在泡茶、奉茶、喝茶之间尽自己所能地表现茶道艺术的美，使自己与品茗者享受到茶道艺术这件作品的艺术性。

（蔡荣章）

茶道艺术的美在哪里

茶道艺术的美就是我们“喝茶”的美，喝茶前要泡茶、奉茶，即使只有泡茶者自己一个人。所以喝茶的美分布在三个部分里面，一个是泡茶时的美，一个是奉茶时的美，一个是品饮茶汤时的美，这三个部分加在一起，就是茶道艺术的美。我们将茶道艺术界定在泡茶、奉茶、茶汤三部分的组合，茶道艺术的“美”就在其中，至于茶道艺术的“艺术”是另外一个层面的问题。美是自己存在的事物，艺术是美的人为创作，两者皆有层次的高低，例如我们可以继续追问：美到什么程度？艺术性如何？

美有几个意义，第一是让我们愉悦，如看到美丽的人体、风景、好听的声音、好闻的气味、好吃的味道，摸到舒服的质感、意识到美好的事物。美的第二个意义是让我们激昂，如雄伟的峡谷、响彻天际连续不断的雷声、令人悲而不伤的无情岁月。第三个意义是枯寂、凄凉的空寂。

茶道艺术的美仅及于愉悦与空寂之美，不太会进入到激昂、悲怆的境地。泡茶与奉茶可以有泡茶者的个人风格，可以显得有个性，有棱有角，或安详和谐，但是显现的茶汤一定是好闻的香气与好喝的滋味，并显现该种茶特有的风味。不好喝的茶，我们是不会拿来当作美的事物呈现的。茶道艺术在美的领域上比起其他艺术项目如绘画、音乐、雕塑、文学等狭隘得多。但是我们可以说，愉悦与空寂是茶道艺术特有的美感境界。

美是客观存在的，有了欲望与情感的介入，反而不容易找到美的踪迹，如欣赏人体的美不要有性欲与感情的介入，欣赏泡茶与奉茶，不要受到泡茶者美貌的影响，要纯就泡茶动作而言。欣赏茶的美不要受到市场价格的影响，例如知道了是高价茶之后再倒推回去找美的存在。空寂的美也是客观存在的，不是泡茶者穿了一袭袈裟，比划几个手印，就说那是空寂之美。其他激昂的美也是如此，说是悲而不伤，也就是说不要以为伤心落泪就是美的所在。

抽象的美最不容易受到欲望与情感的干扰，因为没有已经认识的事物可以勾起欲望与情感。就音乐而言，乐器的声音比起人的声音更接近抽象之美，无标题的音乐又胜过有标题的音乐，因为那标题还是会引起联想，只是写着“作品x号”，就只能从声音的本身来解读它的美了。就茶道艺术而言，茶汤最具抽象之美，它的色、香、味、性皆难用具象的事物加以比拟，如果能够再进一步不依赖茶的商品名称（如安溪铁观音茶、浙江龙井茶），更是可以无边无际地，不受任何限制地欣赏它的美。这也就是我们主张在喝茶之前不要过问它是什么茶的原因。

空寂之美是茶汤两大主要味觉即苦与涩构成的，所以喝茶的人可以很方便地欣赏茶汤的空寂感。至于前半段的泡茶与奉茶，就必须依赖泡茶人有意地找寻，当然泡茶的人也要有空寂的体悟与表现的能力，例如他知道空寂在专注之间，在陪茶于热水中浸泡之间，在替茶呈献它的精魂给品茗者之间。至于表现的能力与层级，已经是艺术创作的部分，先知道美是何物，然后才有办法呈现，最后才有办法欣赏与享用。

（蔡荣章）

茶道艺术的创新要新在哪里

当我们说到艺术，涌现脑际的是“创作”，因为艺术重在创作，创作就不是抄袭、不是复制，而是从新做起。这从新做起是发自内心与自己的意识来做，如果是发自内心与自己的意识来唱一首歌、画一幅画、泡一壶茶，当这一首歌、这一幅画、这一壶茶创作得很好、富艺术性时，我们说他创作了音乐、美术、茶道艺术，否则，我们说他唱了歌、画了画、泡了茶。

艺术作品除了要是发自内心与自己的意识来创作外，还要看这件作品的“内容物”属于自己的有多少，如果50%都是别人的，我们说它的创作力不强，如果70%以上都是自己的，我们说它有很强的创作力，如果这70%以上自己的东西，大部分是自己的旧东西，在创作的评价上会打一点折扣，如果这70%以上自己的东西，大部分是自己的新东西，在创作的评价上会得到甚高的赞誉。所谓的“内容物”是指表现的形式与美感、思想上的内涵。

如此说来，创作就是要创新，才能得出高艺术性的作品，但为什么不直接说“创新”呢？因为说创新容易被误解为形式上的新，如使用了新款式的茶具、启用了新的泡茶手法、桌面布置焕然一新。创作不只是在形式上的新，更多要求在审美、思想上的深度，即使用同样的一把壶泡茶，手势也没太多的变化，但动作传达出的语言已不一样、泡出的茶汤已更具色、香、味、性的饱和度，这时我们会更加欣赏与赞美。美感、思想上的深度与创作者在专业、艺术上的涵养有关，比单纯的形式上创新要困难得多。

绘画的创新也不全在油画、水彩、水墨之外的另一种绘画材料的更新，也不全在笔法、线条与色彩的创新，即使同样的油画，同样的人物描写，也可以一幅比一幅更有新的视觉、思想领域。有茶艺技能竞赛的评委说："参赛时没有新的泡茶手法与茶席布置是无法得奖的。"这是对上述"茶道艺术创新"的误解，也导致了现在看到的茶艺比赛都是争奇斗艳、花招百出的状况。

富有创作意义的一首歌、一幅画、一壶茶，还可以从艺术性判断这件作品的价值，美学、思想上的境界高者，我们说它的艺术性高，与别人重复性低者，我们说它的创造性高。

美学、思想上的境界在茶道艺术上是怎么表现的？在"泡茶、奉茶、品茶的动作组合"与"茶汤内涵"上。"泡茶、奉茶、品茶的动作组合"容易懂，"茶汤内涵"比较不容易懂。泡茶、奉茶、品茶的动作组合是肢体的表现，只是一切为茶，以茶为灵魂而已；茶汤内涵要在颇为抽象的状况下表现茶的色、香、味、性，但只要体悟到同一包茶让几位熟练泡茶的人冲泡会得出很不一样的茶汤，就已接近对"茶汤内涵"的理解了，色、香、味、性表现得愈丰富、愈精彩，就是"茶汤内涵"有了更高的艺术性。色、香、味、性，透过视觉、嗅觉、味觉、意识、触觉来获得，依赖对美学、艺术的修养来解读。

茶道艺术的创新不在泡茶手法与茶席布置的日新月异，也不是装饰项目如配乐、服装、挂画、插花、焚香等的新视听效果，而是从泡茶、奉茶、品茶（即茶汤）上，把茶表现得一次比一次精致（包括潇洒），一次比一次更富美感、艺术和思想的内涵。

（蔡荣章）

纯茶道的茶席要忠于茶道

茶道即茶道，何必那么啰唆说“纯茶道”？既到了要强调“纯”的时候，恐怕茶道所表现出来的样子大约也太杂烩了些，是因为有了“不纯”故而生出“纯”之说。茶道是指泡茶（包括奉茶、喝茶，下同）的方法、审美及思想，茶席就是要能够承载和体现这些内容的地方。设置茶席的大原则要掌控好，空间是为了泡茶而产生，因而要拿何器物进席、摆放何地，它们必须要使我们可以更方便地泡茶、把茶表现得更好才对。但时下茶席将许多与泡茶无关系的项目如音乐、木、香、桌饰纺织品、字画也拉扯进来，摆得异香芬郁，仙乐缤纷的样子，并视为必要，此一过度与累赘的现象，对茶道是致命的。

大家去参加茶会，习惯说茶席“很漂亮”，他们会问，装扮得漂漂亮亮不是也很好吗？为何一直来嫌？“漂亮”是表面的，比如一位歌手，她擦了口红，戴上假眼睫毛，穿套显露女性体态的衣裳站在台上演唱，台上璀璨灯光火树银花，是漂亮，但那不属于歌乐声线的美，也并非歌者个人气韵与歌声结合的美，大家看到的是女性胴体与布景。茶席若被其他物件陪衬得太漂亮，背景挂山水，桌上有花草，旁边叮叮咚咚响起琴音，同样会转移品茗者对泡茶者的专注度。过分的茶席装扮，叫人忘记茶道本质，人们参加茶会不再是为了茶本身，而是为了视觉与听觉享受。茶席只是注重漂不漂亮，牺牲掉呈献茶道作品的功能，是现今常发生，它是缺乏内涵的，举办再多茶会也无用。

一说到茶席，大家的思维就先从买木头、买沉香、买银壶、买布饰等硬体设备、器物层面开始，以为有了这些就很犀利了，一旦脱离了这些来泡茶，人就打回原形，不知如何动手，反映出茶道“不纯”所出现的弊病。吟诗、插花、抚琴、写字、点香、挂画、奏乐、木材、服饰、纺织品等皆是茶道的额外元素，泡茶者学习它们是为了增进见识、文化素养、美学观点的成长，不是说学了就要直接将这些东西搬来用在茶席上，那是很粗糙的，也显得不伦不类，泡茶变成打发时间，过几天新鲜感也就没有了。比如绘画爱好者，即使他很懂得裱画之技术，甚至精通装裱糨糊的几十种制作方法、可专业到为裱画轴头、裱画绫子、宣纸、墨砚写专书，不过当他绘画时，是不必把全部的木材、糨糊、绫子等带进现场才可以工作的，即使他带了来摆在桌面上，也不能代表他就是绘画得很好的人，非但无益，反而不合适。好的茶道，靠我们泡茶从指尖生出来，而不是靠古董茶具、罕有木材、仙女服饰或天籁般的音乐，人家能够弹出悦耳的琴音，与泡茶何干？

泡茶师要自觉，茶席必须要有自己的精致度，茶具位置的摆放须得心应手，而不是用多贵重的器物。茶桌材质造型要很有质感，而不是用了多少张花红柳绿显示层次感的布巾。讲究水加热方法、煮水器材质、水质、水温，但不是一股脑儿将所有设备显摆在桌面。选茶，意味着须采用做得妥当的好茶，而不是盲目追求市场吹捧的茶叶。添加了很多外来元素、只着重在讲故事情节的茶席，也许能让眼睛和耳朵舒服一下，但唯有纯茶道茶席的细腻与专注，会发生一种波动，让我们感动，震撼心魂，那就是纯茶道的美。

（许玉莲）

茶席上一瓶小花也不要

总是有人不放心，常常问：一瓶小花也不能放吗？一棵小植物或一根小枯枝也不行吗？他们以为是大或小的问题，他们纠结的是：连一枝花也不摆的光秃秃的茶席太不雅观了吧？但我们比较在意的是，所有和此次泡茶无关的东西都无必要摆放在茶桌上，不以大小论之，我们要的茶席是未经雕饰、纯粹为茶服务的。

让泡茶师能够全程一人按时完成茶汤作品创作、至少十二人真正有茶喝、并全神贯注喝茶的一张茶席，茶道技术含量要高，先是配备完整：一要有备水处置放加热座、煮水壶、用于保温的热水壶、装未煮冷水的小瓮、用于盛接弃水的水盂。二要有主茶器处，置放泡茶器、茶海、盖置、茶杯。三要有辅茶器处，置放杯托、计时器、茶巾、奉茶盘。四要有存茶处，置放茶叶罐（内含茶叶）、茶荷、茶匙。五要有茶食处，置放茶食盒（内含茶食）、怀纸、筷子。如该次茶会设定冲泡两场，那么水、茶叶、茶食、怀纸的用量应加倍，泡茶器、茶杯、茶巾需准备两套，其余茶具就共用好了，整张茶桌至少也要分成五个区块，让二十一件茶器安身立命，定位下来，怎么也无法也无多余地方容纳与茶无关之物了。即使偶尔空出了一点地方，与其风里火里找些花草填满它，倒不如任由其空着。

我们在泡茶这条路上，都太急于填白了。说到热水，好，叫几位漂亮小妹蹲在水炉边给你煮。参加茶会，抵达会场就想自个儿游赏四周，玄关处已有热情攻势，美女如云列着队伍几乎抢人般把你拖进去。观赏茶席，与会者都来不及征求掌席者之同意，兴奋地便坐进泡茶位置，两手抓起桌面茶壶拍照。茶会要求大家在泡茶喝茶过程勿谈手机勿聊天，就有人唯恐你不知道他也懂静心，连鞋子也脱了，在椅子上盘起双腿，闭上双眼做吐纳，不管双脚是否卫生，情境是否突兀。总之，就是个炙热的大金炉，永远在烧，火力过旺，满得溢出来，故此心灵的感受力越显衰竭，那刚好与茶道稍纵即逝的纤细微妙相反。我们投茶、入水、出汤，稍微有一点差错，就会造成很大的失误，茶香味的差异性几乎不存在，人必须不分心地慢慢靠近，冷静地、轻盈地观察、品尝才能吸收，我们享用到的那一刻，茶道才存在。

泡茶者不必靠插花来证明自己很有文化，因为，我们原本为了要做好一张茶席，平常就必须反复验证茶叶、茶具的优劣，使用茶具的技术熟练到它们就像自己的手足。我们也顺应时节、品茗者、茶叶的特性去把茶表现好。我们努力把茶道精神实施进入生活中的衣食住行如：浸泡时间须精准，我们的茶会时间也很准时地开场与结束。如：泡茶的动作实在而简约，我们也将自己的头发打理成一个简单发型，且清洗得非常干净。各种文化养分非常重要，我们平常就要养成听听音乐、看看书的习惯，学习一些搭配美丽衣裳的心得、学会品尝各类美味食物等，从而养成自己对文化以及美的鉴赏力，那时我们身上就会从内而外散发一种插花不能代替的优雅。我们不必一定要弄些花草上茶席才有信心泡茶，才觉得好看，在他物的保护伞下才找到的价值认同是不可靠的，因为那是外来的东西，就像我们也不依赖一边泡茶一边演奏音乐来为茶道加分。我们喜爱泡茶，享受喝茶，老老实实泡茶、喝茶，有这么难吗？

（许玉莲）

贴标签的茶道不美

常常有人感叹喝不懂茶，也看不懂泡茶，谁泡得好，谁泡得不好，对茶道艺术究竟包括什么内容更觉陌生，这是由于茶界教育一直以来都习惯由老师或前辈告诉学生标准答案，学生热衷于接受所谓的标准答案，既不需要提出问题，更没有勇气去质疑老师给出答案的权威，因为背诵标准答案者才会考试过关或于职场获得重视，进而养成大家说不出自己内心真实看法的惰性，还以为人云亦云的答案就是专业，一旦他接触到的茶道超出他所知道的标准答案，他就无法思考。

就茶道艺术的表现来说，要以茶汤所呈现的内容作为评审它表现得好不好的内容，茶汤内容包括了汤的味道、选茶、茶器的适合性、水质、烧水方式、水温如何影响茶的风格、如何准确拿捏浸泡所需时间等很多的不同状况，泡茶师采用了怎样的有效的对策的智慧，品茗者要会欣赏泡茶师在什么地方用了心费了力；比如泡茶师拿到一个五元的茶，他呈现出来的茶汤作品可媲美十元的那个，我们就要给他高分，不以色、香、味不在标准字眼内而将它打下去；比如泡茶师没有双手扶着肚子做鞠躬状则不要扣分，所谓仪态并不是非得这样做不可的。但现在大家喝茶，一旦没有一张明细表一项一项说明：那项做错的要扣分，那项好的要加分，他根本喝不出所以然，亦不敢开口说话。

拿选美来说，如何欣赏与判断一位女士长得美不美丽呢？请美发专家来审评她的发质与发型25%、皮肤专家来确定她的肤质25%、营养学家来审评她的肌肉和体态25%、面相专家来分析她的脸容25%，然后将几位专家各自负责打的分数加起来，总和最高为最美？或准备一张美丽标准扣分表，内容就说：身高少过164cm扣5分、方形脸扣10分、胸围不达84cm扣20分等，一项一项这样扣下去，被扣得最少的就是最美的？要是真这样，选出来的只是一具符合数字标准的人体罢了，而非人。身高154cm的美人并不缺，为何非得是170cm？何况人是有个性的，美丽当然也必须包括她的内涵、气质、教养、价值观等。并且，无论外相与内在，不能只有唯一的一种美的标准，比如有人说女性美丽的标准等于绝对的皮肤白皙、绝对的性格柔顺，才叫作美；如果这样，则变成是一种贴标签的主观了，就会将好好的一个人掐死在那边。

如果要为泡茶的比赛或考试做份评分标准，首先评审人员就别分成一块一块的：茶器找陶艺作者评、礼仪找空中小姐评、茶汤找评茶专家评、空间找设计师来评……这是不完整的，这等于茶人们将自己的话语权交出去，给了与茶道无关的领域。不懂泡茶、喝茶、茶道的人，本不应来当评审。当欣赏一幅绘画时，难道要找一个颜料专家来评色彩、裱画专家来评纸张与画框的技术、另一专家评线条？这样子的评审方法糟糕透了，像瞎子摸象。赏画也好，赏茶也好，不能只是看看作品表面而已，例如：茶汤量太少，持壶姿势有点不一样、泡绿茶没有用盖碗，就要扣分。大家以为教条这样列出来才有了依据，才能叫人信服，而不是凭个人偏好，但我们面对一件茶汤作品时，如果只按照专家在书本上写的字眼，非要贴近文字描述不可，茶道艺术的丰富性就被限制住了。

称职的茶道欣赏者要不断从观赏艺术品中累积个人的“艺术经验”，从各种艺术项目如茶道、音乐、雕塑、歌舞、画作等中吸取养分、培养观点，当他养成一种“看见”的能力，他甚至可以从生活里的一朵云飘过、穿一双帅气的鞋子、扶桑花的绽开、煮一碗面等周遭事物中，也能找出一些有趣可爱的“道”。

（许玉莲）

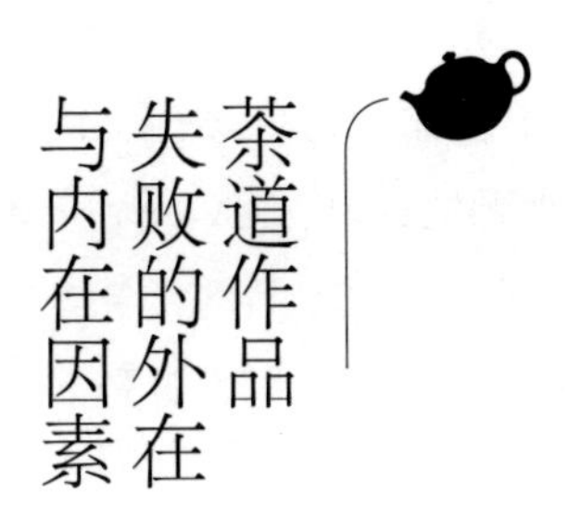

茶道作品失败的外在与内在因素

泡茶师在泡茶过程有时会受人事物影响，导致掌席失败，茶汤出来不汤不水，举手投足也只是僵化手势，无法从内心释出力量给整个茶道作品。产生影响有外在因素与内在因素，外在因素有环境洁净度、空间沉静度以及泡茶工作进行时的安全等。

环境洁净度，是说泡茶所在地周围是否清洁卫生，空气是否清新无污染，没有任何异味。

空间沉静度，是说泡茶时所占用那块区域（或称舞台），应维持一个无论是空间、心情、神色都十分沉稳寂静状况，不要有 LED大屏幕背景视频画面，介绍茶叶或泡茶理念，没有任何一件多出来与此次泡茶喝茶无关的物品，没有不协调的声响扰乱事物的律动，无多余的语言和动作。

泡茶工作安全问题，一般指泡茶姿势是否正确、泡茶师是否无恙，处于良好状态适合泡茶与喝茶、加热器（电源或明火）与热水是否正常操作及泡茶师工作服是否妨碍泡茶动作的顺畅。

泡茶姿势，不是指泡茶师表面动作是否优雅，我们要说的是更重要的事情。泡茶席上每样茶器都有重量，泡茶时身体与四肢都需要出力，用多少力、用什么部位的力以及用力是否适当都影响泡茶的流畅度和绩效。不当的姿势更会直接造成肌肉受伤，如双肩没有放松，手肘一直提高来操作，肩膀、手臂、背部、腰部则极大地增加疲劳以致受损。故坐着泡茶时，不能靠椅背，靠椅背则身体会自然弓着，脚掌会变得有点浮，双手则无处着力。坐或站，要两腿稍分开，与肩同宽并排，不要缠在一起，两脚掌要完全着地，身体自然地微微挺胸直腰，把肩部放松，提拿每一样用具时，手肘都务必下垂，手指不必跷上来，跷着太用力。

泡茶师应注意当天身体与精神好不好，气候、睡眠、饮食会令身体产生变化，有时精力很旺盛，有时比平时疲劳，遇到生病不可掌席泡茶，有碍卫生。

热水方面要注意，电插头应装置在茶桌而非墙壁，避免电线拉来拉去绊倒人。灌水不能过满，水溢出流入电器很危险。酒精生火加热，不可放在风扇底下吹，户外使用须防风，否则容易发生火患。炭火煮水需不断加燃料，控制火力，应熟练后才用。由于上述原因，泡茶师的工作服应整齐合身，不可过宽过大，也不可松松垮垮没有系好绑好。

泡茶失败的内在因素，概括为茶道观念模糊问题、茶道美学想象力问题、学习方式问题与泡茶技术问题等。

说茶道观念就讲世界和平、道德修养、五伦十义等做人道理，说茶艺就以为茶要加上其他“艺”如插花、音乐、挂画、点香才算数，忘记茶道是泡茶、奉茶、喝茶的道，茶艺是泡茶、奉茶、喝茶的艺，因此稀释了茶道内涵，也没有将泡茶学好，人就显得信心不足。

茶道美学的想象力是要通过对茶、水、水温、器、茶食、茶技的理解，艺术修养和对泡茶演示进行预期想象（包括颜色、质感、比例、形状、外形、构造等）而获得，然后自己再发掘及呈现其内涵。轻视想象力的培养则无格调、风骨的养成，站出来泡茶的人就显得单薄。

学习方式问题，泡茶是需要操作与思想的综合技能，如总是依赖一套几式的规定步骤，将导致泡茶者头脑处于被动状况，泡茶就会变得流程化。久而久之，人会变得呆滞乏味，失去勇气。

泡茶技术问题，技能入门是通过对泡茶原理的分析、泡茶程序的认知与定向来学习，再用智力将这些功夫练得控制自如，再结合茶道艺术内涵的协调，整个泡茶、奉茶、喝茶的呈献，才谓之茶道作品，人站在茶席中，才会发光发热。

（许玉莲）

茶汤作品创作系统的兴起

大家天天在喝茶，但它未必是茶汤作品，可能是解渴饮品、保健品，也许那杯茶水只是媒介物，大家不过利用它作为围聚借口，以便获得令人愉快的闲聊；甚至只是贪念美色，想看看打扮得飘飘欲仙的女泡茶者们的姿态而已；这些都是脱离了茶汤本质的喝茶行为。现今人们将茶汤置之高阁而来讲茶道，那是空虚的。当泡茶、奉茶、喝茶渐被包装成一种综合性消遣活动，例如包含了插花、服装、装置、表演、书法、舞蹈等，说是参加茶会却喝不上茶汤，而且活动内容大多只能供观看，泡茶者心想着的是如何穿得美美的，带上美美的茶具到场，请人把茶席空间设计得美美的，举手抬脚的动作皆按标准来做得美美的，参与者除了看到一些形式化的物体在晃悠，再也感受不到由茶的外观、质地与风味所带来的乐趣，至此地步，茶道内涵已经遭到粗糙的削减和简化。我们反对这种流行，主张除了茶，没有其他外物干扰地泡茶喝；带有苦涩感、收敛性的美味茶汤的进驻，使人体感觉舒畅清爽，进而春风化雨，五脏六腑产生精气，叫我们打从骨子里头透出内心的静寂与满足，这种通过茶汤体验获得丰富精神生命的泡茶与喝茶，谓之茶汤作品的创作与欣赏。

茶汤作品的创作者称呼为茶道艺术家。艺术的养成无法用学校履历和金钱来衡量，也不是说由谁发张证书就可以证明某人是茶道艺术家了，他首先必须热爱创作，并荡漾期间感觉幸福，忍受得了孤独，天天苦练，泡饮次数越多，越了解茶的本身及它们会展现的特性，每次都获得一定的人数认同他的泡茶本领，甚至可以买票入席就为了欣赏其茶汤作品，逐渐就会形成“艺术家”的气候。观察到身边有位退休小学校长，反正闲着，就去学水墨画，过了两三年，忽闻他以画家身份与其他都是画家的绘画老师及同学联合办画展，每张作品若干银两，也有公众收藏。曾在社交媒体看到一些母亲贴孩子去学插花或学烘烤蛋糕照片，指着她儿做的四不像曰“我儿作品”。至于一些美术系毕业生，从学校出来搞文创，制作些布袋、书签、明信片之类或开家咖啡馆，便俨然艺术家了。看起来以上种种被唤作艺术家，社会人士接受度挺高，也不见什么学术机构出来反对，难道我们泡茶泡了三四十年，泡到炉火纯青的境地，却还担当不起茶道艺术家的称谓吗？相比较其他项目，茶界若再不推行茶道艺术家系统的发展便太迟了，试想，难道我们希望看到在茶界就业的泡茶者，或正规茶文化系毕业生的事业前景就如目前状况吗？——不是被聘用为泡茶的仆人，就是被叫去做泡茶的肢体表演。

成为一位好的泡茶者，他需有能力了解茶的来历与本质，清楚它们的价值及内涵，才可对茶做出正确的挑选与处理，接下来判断茶叶的品质潜力可以发挥到多高，然后天天泡、一直泡、不断泡；这个过程就是茶道艺术家在创作茶汤作品的过程。一个高质量的茶汤作品可是汇集了创作者数十年的才学。你说我没看过、没喝过，怎么知道他造诣到什么境地了？故此，茶道艺术家有必要时时举行公开的茶道艺术家茶汤作品欣赏会，累积不同的品饮者的人数。为区别于一些表演式的泡茶，茶道艺术家需获得起码的尊重，当举行茶汤作品欣赏会时，我们应为他们准备休息室，静候入席，而不是叫他们站在门口做接待和社交工作。他们进场时敲打四声锣，引导入场，让品茗者把注意力放在他们身上。

（许玉莲）

茶道艺术与烹饪艺术

烹饪艺术比茶道艺术被论及得早，大概是因为烹饪艺术有主体的物件可以被大家看到、吃到、体悟到，不像茶道艺术，很长的一段日子里被带到了道德与修炼的道路，“茶”仅作为这个项目的媒介而已。

烹饪与茶道怎能视为艺术呢？因为它们可以被创造得很美，包括创作过程与最后的结果，它们可以创作得很美，很有艺术性，很有思想性，可以被人们以视觉、嗅觉、味觉、触觉、意念等感受到、享受到，它们可以美得让你拍案叫绝，让你感动，让你回味无穷。

烹饪可以只是便于食物的消化与疗饥，也可以从食物本身的质地、色泽、香气、滋味、形状，以及应用佐料与调味创造出各种不同感觉与情绪反应的菜肴。如果说到艺术，它不应该只是煮熟了、炖烂了，调以甜咸而已，也不是用食材在盘上摆出一朵花、一只鸡，而应该是不求具象的纯线条、色彩、香气与滋味的抽象组合。

“茶”可以只是一杯以茶为原料的饮品，也可以从泡茶、奉茶讲究起，把茶汤的色、香、味、性表现得很有意境，这样，茶就进入到了茶道艺术的领域。一杯茶没有一盘菜肴那样丰富的物质与人体所需的功能，但精神与情感的内涵是细致与幽深的。泡茶、奉茶要以茶为标的，不要夹杂音乐、绘画、舞蹈等其他艺术项目，茶汤更是直接以抽象的面目呈现。

茶道艺术是包括泡茶、奉茶，而以茶汤的品饮为总结，烹饪艺术是包括烹煮与上桌，以碗盘呈现一道道菜肴与食用为总结。茶道艺术与烹饪艺术都包括了前期的泡茶、奉茶及烹煮、上桌，与后期的茶汤品饮及菜肴享用。前后两部分的一体呈现是这两项艺术的共同特点，不应该只是将菜肴做好了端上桌，说这就是烹饪艺术，也不应该只是将茶泡好，将茶汤端到隔壁的茶席上，说这就是茶道艺术。

茶道的前后连接较易理解，烹饪的制作与菜肴呈现的连接不是人们理所当然的认知，但是两项艺术的完整性必须这样的结合。烹饪食材的先期处理可以不划入作品呈现的范围，但制作的部分、碗盘上呈现的部分，必须与接下来的享用视为一体，包括炉火的四射、分切食物的功夫、油烟的处理等，如果使用了炭烤炉，也要结合在享用者的视线与感觉之中。

茶道艺术与烹饪艺术之所以迟迟未被归入艺术的范畴，“作品”范围的界定是一大原因，经常只是将茶汤、菜肴当成“作品”，忽略了前面的制作与呈现。即使注意到了前面的部分，在茶道方面常被配乐、舞蹈、插花等的掺入打乱，烹饪方面常因制作设备难以配合，延误了艺术的完整呈现。

“作品”范围的界定迟迟不能定案，导致茶道艺术与烹饪艺术的展示场所无法定型，这也影响了这两项艺术的发展。反观其他艺术，绘画有画廊、音乐有音乐厅、戏剧有戏剧院，配备了所需的功能，它们老早已经可以完整呈现自己的作品。

茶道艺术与烹饪艺术尚有一大弱势，就是对味觉、嗅觉的研究不够完善。茶道与烹饪是口鼻的艺术，它赖以创作与被接受的媒介就是香气与滋味（当然还有辅助性的线条、色彩、触感、声音、意识），然而这两项远远落后于听觉与视觉的研究。由于对香气和滋味的分析、整合能力不足，对茶道与烹饪两项艺术的开发就慢了许多。我们希望茶道与烹饪的学校或研究单位快快开设香气与滋味的研究与传授课程。

（蔡荣章）

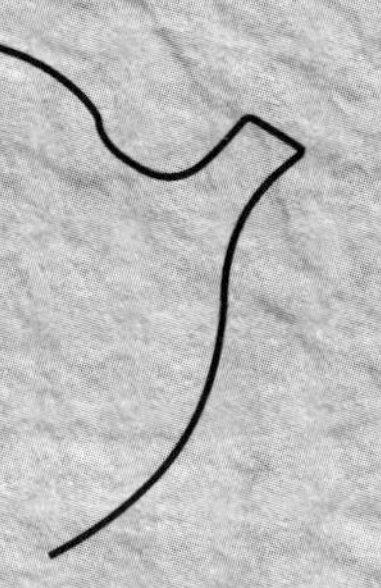

茶汤作品的现场制作

茶道艺术要现场创作

有人在另一个房间泡了一杯茶端过来，一喝当然知道泡得好不好，但那杯茶是一件成品，不是一件茶汤作品，也不是一件茶道艺术品。把茶在另外一个地方泡了才端过来，即使泡得很好，也只是一杯好茶，不容易体会到茶道的全貌，但是如果在面前泡了，又亲自奉了茶，这时奉出的是一件茶汤作品，呈现的是一件茶道艺术作品。茶汤是茶道艺术最终的作品，泡茶、奉茶、品茶是茶道艺术的全程作品。

我们强调要现场呈现茶道艺术，是强调它的现场创作，艺术重在创作，而泡茶、奉茶、品茶又是这项艺术的整体，当然这三件主体都要在现场创作。

茶道艺术既然被定义为泡茶、奉茶、品茶的艺术呈现，泡茶、奉茶就变得重要，从备水、备具、备茶、泡茶到奉茶（包括只奉给自己）就要当它是茶道艺术的开始，将泡茶者及品茗者的心情安顿下来，然后欣赏最后的茶汤。茶汤之前的泡茶、奉茶是茶汤上场之前的序曲，不是茶道艺术的表演部分，（很多人误解泡茶、奉茶是表演，更大的错误是认为泡茶、奉茶是艺，加上后面的品茶就成了茶艺）。茶道艺术不能分成表演的泡茶、奉茶，与享用的品茶。唯有具备这样的认知，才不会夸大泡茶、奉茶的动作而简化了茶汤的艺术性。

茶道艺术强调亲自创作，不是找一个人泡茶、奉茶，另一个人或几个人品茶。这个全程创作的人称为茶道艺术家，他的茶道艺术造诣如何暂且不说，但他是全程泡茶、奉茶，而且与自己及其他品茗者共同欣赏茶汤。如果把泡茶、奉茶与接下来的品茶分开，那可能是找一位泡茶者泡茶，让喝茶者喝茶而已，两者有本质上的差异。我们要说：只要是茶道艺术，就必须由茶道艺术家从泡茶、奉茶，到品茶全程呈现。我们看到有些喝茶的营业场所，虽然设有专人泡茶给客人喝，但这个人不能将泡茶、奉茶、品茶当作一件作品呈现，甚至还只是坐在一旁的小几上侍候客人，这个现象不算是茶道艺术的提供，只是有人帮忙泡茶而已。

任何一项艺术都是要有作者的，茶道艺术的作者是茶道艺术家，他要主导茶道艺术全程的进行，没有全程主导的能力就谈不上创作，没有创作，艺术就无法形成。

在绘画、音乐、舞蹈、戏剧、歌剧等艺术里，茶道艺术的形式比较接近歌剧，如果我们只专注欣赏茶道艺术的最后那杯茶，那有如闭着眼睛只欣赏歌剧的歌唱，如果我们关注了泡茶、奉茶、品茶的全程，那才是欣赏歌剧的全部。歌唱是歌剧的灵魂、茶汤是茶道艺术的灵魂，如果歌唱脱离了舞台上的演员肢体与表现情节的文字，就只是音乐了，如果茶汤脱离了泡茶、奉茶，就只是茶汤艺术了。

我们强调茶道艺术的纯度，将不含背景音乐、舞蹈、吟唱、装置艺术的泡茶、奉茶、品茶称为纯茶道，有人说：将泡茶、奉茶与品茶分开，仅专注于最后的那杯茶汤，不就更纯了？但茶汤永远要依附在泡茶的用水、茶具、泡法上，若要称作茶汤艺术，要加上泡茶。若要称作茶道艺术，就要加上奉茶。所以茶道艺术就是包括了泡茶、奉茶、品茶的一项艺术，要在现场完整地呈现。

（蔡荣章）

器、术、道在泡茶里的涵义

没有真正面对过泡茶技术的泡茶人，还谈不上懂得泡茶或喝茶。技术是一种具体做法、能力积累的本领，它由无数个细节构成，如：时间上的分秒必争、水是如何加热、茶具材质的甄选、茶汤的适口温度等，需要不断的实践、练习、再实践、再练习，才有可能淬炼成一种泡茶技能，泡茶时我们若有这套系统，可运用上，即谓之术。

泡茶技术层面达到了，就有能力驾驭那个领域的任务。技术让人放心的地方，是它带来稳定的品茗经验，人们乐于与有技术的人打交道，因为觉得不会受骗；不会说那个茶一时泡过浓了或一时泡过淡了，也只能哑子吃黄连。泡茶人如将功夫练到如影随形似的长在身体上，每次都可带出稳定的茶汤品质，这样茶才能发生效用，才能老老实实占据文化中的一个重要的地位。

有些泡茶人看似练就了一身功夫，可一旦少了某一只茶壶、茶杯或计时器什么的，他就乱了套，战斗力马上下降，则表示他仍然留在器的层面。没有了某种“利器”，他就失去泡茶的信念，实际上是他还未掌握好完整的技术。比如说计时器的使用，摆一个计时器在茶席上，并不是我们就应该空白地等待，直至闹铃叫，或一直盯着看计时器的跳动时间到了没有，或完全放弃对时间的感应，我们还是要有一套心算的方法，密切留心时间的走过的过程，这样我们才不会被“器”俘虏。

另一个“利器”如煮水用的银壶。我们了解银壶煮出来的水质比较纯，有较清甜茶汤，可带出一种相当完善的泡茶效果。但是我们也务必应对其他材质如铁、陶、不锈钢同样的了解透彻，用银壶时用得淋漓尽致，当有必要使用其他材质煮水壶时，也应当知道要怎样替换，才能够与其他器物匹配及运用，将整个泡茶的最好价值发挥得最高，才叫作技术精湛。没有了银壶就手足无措，泡茶人则只不过成了“器”的傀儡。

仗持着“利器”而耽误技术提升的，也包括一些与茶没有直接关系的外因，如：泡茶人说“我”亲手做的茶，“我”亲手捏的陶碗。强调“我”在亲手做，而不是指出茶或茶具的本质对泡茶的影响，“我”只是“利器”的一种。“我”代表一种体验的经过，没有人可以剥夺任何人的个人经历与感受，但“我”的体验不能作为衡量泡茶技术的因素，除非这个“我”有一天在做茶、捏陶的领域也修炼了一番专业，我们才会考虑“我”的产品放在泡茶使用是否恰当。迷信“我”之“利器”的使用，将造成泡茶技术停滞不前。

另有一些“利器”距离泡茶技术所需更加远了，如泡茶人身上的衣服。泡茶人的泡茶穿着，理应要从泡茶时的卫生状况、工作优势、有保护人体作用和衣服品质来考量，依此制出符合自己身材的衣服，既是自己的衣服也是泡茶的衣服。现今，泡茶人穿“戏服”泡茶的比比皆是，“戏服”即我们平时都不会拿来穿的，是要“表演”时故意借特别的服装吸引观众的注意，它是扮演“茶人角色”的“器”，属于“器”最表象的一层了，长期投入这样的装扮秀而怠惰于泡茶技术的成长，难免最后将出现“伪茶人”。

当一位泡茶人除了具备技术，并有主动意识去思考泡茶过程的本质的意义，不满足于术语、流行与观念的束缚，不轻易丢弃一些自然规律与科学原理，所有与自己相信的那套价值观的行为有抵触的事情都不要做，这种思维的自我训练达到某个程度，我们可谓之茶道精神了。茶道精神是茶人提出来一个方向，茶道精神的层面是件无止境的事，那是一种行为的体现，只有做和不做，没有做少一些做多一些。道和术兼备的茶人，不需要每一句话都引经据典，不需要每一件事都获得大众认可才做，到了那时候，由他说了算，他就是道。

（许玉莲）

论茶空间的是非

茶空间现被奉为茶界新兴追求的风尚，风头一时无两，满茶界都在打造如何融入茶艺生活美学的茶空间，漫山遍野地设计，甚至说茶不重要，重要的是环境。过去我们提起茶席、茶室和茶屋，那感觉倒也温暖些。当一人说他有张茶席或有间茶室，那至少是个喜爱泡茶喝茶的人愿意待在那角落与茶相依偎的暖心地方。茶屋我们也嫌有不真实感，因为大多的茶屋都是摆空城计的，平常鲜少泡茶，甚至没有人到来，要泡茶时永远找不到煮水的设备，任由灰尘铺满角落，屋前屋后的树草荒芜。

爱茶的人未必都能弄一个房子来当茶屋，因房子价格不菲，拥有茶屋的人倒未必真的那么需要一个地方来泡茶，更像是用来接受报章杂志访问时当背景或是身份象征的一种道具。作为大师，有间茶屋来烘托，到底面子强些，说话也可以威风凛凛一点——“我的茶屋在山上”，然而这就是我们嫌弃它造作而不真实、没有“为茶服务”的原因。

有时候，一间好的茶屋可以成为一位启蒙老师，让人一辈子记住那个时刻。每次想到那茶屋：推开木门，走入庭园，不远处有一油桐花树，树下有一方池塘，油桐花零星地飘落在水面，又无声无息地飘至池塘四边，围成一方形，淡淡然散馨香，进入屋内，正堂空空如也，无花亦无画，后院天井的墙爬满青苔，茶席在一隅，无香亦无乐，光影、声音陪伴着茶，我们欣然坐下，赏茶。那茶屋既不承担情节的表现，也抛掉任何隐喻，反而使茶道的“药剂量”发生强烈效用，人们因而可以更宁静的心神领受茶的洗礼。

不过，现在的茶空间，是一个要比空废茶屋更荒凉的地方，你一眼就可以看得出，拥有它的与来的人根本不在乎它有没有茶，这些空间强调视觉效果多过一切。他们在空旷的场地设计一个个的框景出来，用各种叫人意外的材料和手法把茶空间的四周与顶打造出来，斗笠造型、船造型、球或什么造型都有，用金属的、用茅草的或用塑料瓶子等，什么的都有，总而言之要先声夺人，让大家远远就可以看见它的外形。里面也有茶席，或多或少，或泡茶或不泡茶，但大家到来并非为了泡茶与喝茶而来，那些茶空间也没有考虑到泡茶与喝茶需要的设备，大家像是为看“这里盖了个什么新奇东西”，以及讨论这个东西多么有创意、多么美而来的。

这些借茶之名做出来的茶空间，很多只有一个空壳，无论它如何摆着名贵华丽的茶器，总觉得没有底蕴，少了几个会泡茶喝茶的人的灵魂驻守，那就是一台布景。不久前我们还说，别让茶艺沦为茶艺表演而已，这会儿，连“假假地喝喝茶”之表演也消失了，只剩下一个搭建成品的展示。有人说，茶空间能把产业做大，因为空间里可整合产品内容，家具、琴棋书画、古董、山石皆可卖，包括整个空间设计也可让客人带回家。看看，这样离开茶来做的茶空间，壮大了的业务可能是室内设计、建筑、土木工艺、家具设计和园林设计等，偏偏绝对不是茶，当然那也算一项促进社会进步的工作，但教那些把“茶”当作一生的志业来做的工作者，如何面对残酷的现实？前些时候流行茶艺表演，与现今时兴茶空间的视觉影响下，茶叶好像也没有多卖。茶叶要多卖，多喝茶，文化才能深耕，眼下马上要做的是应该教会大众对香气及味道更加敏锐的重要性，开发味觉与嗅觉感官。

（许玉莲）

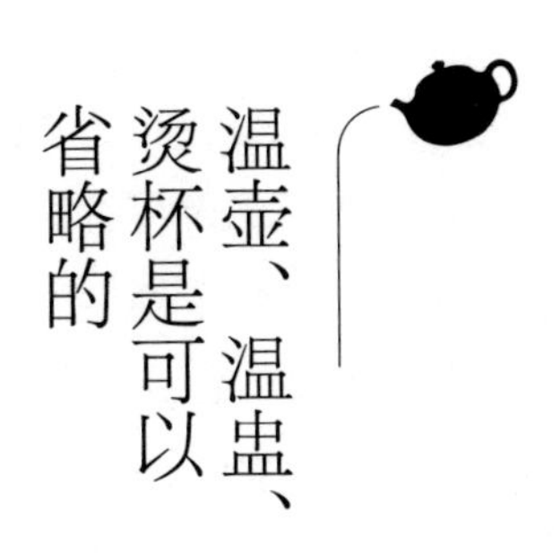

温壶、温盅、烫杯是可以省略的

有人泡茶，先把壶用热水烫过，然后再将茶放入壶中，一方面表示这把壶是干净了，二方面表示把茶放入这样热腾腾的壶内，茶香一定被烘托得更精彩。有些人还把这样用热水烫过的壶在桌上放置片刻，或在空中摇晃几下，等壶干了才放茶叶。这样做的人认为茶不会被壶内的冷水浸湿，泡出来的茶比较好喝，也可能认为这样欣赏壶里干茶的香气更彻底。

茶的香气可以从未放入壶里的干茶闻到，可以从放入壶里但尚未冲泡的茶叶闻到，可以从泡出茶汤后在杯面欣赏到（即所谓汤面香），可以从喝茶汤时在口腔内透过“后鼻腔”欣赏到（即融入茶汤的香气），可以在喝完茶汤后从附着在杯内茶汤散发出来的香气欣赏到（即所谓杯底香）。但以泡出茶汤后的香气比较完整，闻干茶的香气只是对茶做预备性的认知，杯底香只是茶香的回味。

如果不是特意要欣赏壶里干茶的香气，温壶是可以省略的。如果这泡茶需要特高的水温浸泡，将壶温热一下可以减少被冷壶吸掉的水温（降5℃左右）。相反，如果这泡茶不需要那么高的水温，也可以利用不温壶来降低最少5℃的水温。如果刚刚用冷水清洗过茶壶、茶盅、茶杯等，还来不及烘干，用热水逐一烫过，可以去掉残留的生水。这点在供水卫生条件不好，或是疾病正在流行的地方显得比较重要。

温壶、温盅、烫杯，都是先倒入一些热水，把壶、盅、杯烫热，再将水倒掉。温盅、烫杯的目的仅在避免茶盅茶杯吸掉了茶汤的热度，这在寒冷的气候，或是从泡好茶到送达客人时需要一段时间的场合，较为需要。若没有维持茶汤温度的必要，温盅与烫杯是可以省略的。尤其在茶汤送到客人面前时还显得太烫的时候，正可让茶盅与茶杯吸掉一些热度。太烫的茶汤对口腔黏膜是不利的，味觉的敏感度也会削弱。适当的汤温因人而异，不烫嘴才是适当的温度，太烫时迟一点再喝，温度适当时快快将它喝掉。有些人执着于壶的温度与要泡茶的水温，盅、杯的温度要与倒入的汤温一致才好，所以倒入热水泡茶前、将茶汤倒入盅与杯前，必须将壶盅杯一一烫过。是不是有此需要，就必须仔细求证了。

温壶的水通常都是从煮水壶直接将热水倒入壶中，温盅的水可以利用温过壶的水，烫杯的水可以利用温盅的水，免得使用太多的热水，而且太高的水温冲入常温的杯子容易让收缩率不稳定的杯子破裂。一定要用滚烫的热水将杯或盅烫个够吗？没有必要，有人在泡茶席上煮一锅热水，将茶具放入滚煮，不但没有必要，还显得粗糙。如果能将清洗好的茶具放入干燥箱内烘干，使用时直接取出，需要温热时，在干燥箱内保温，不需要温热时，就以常温放在干燥箱内，这样就可以不用操心温壶、温盅与烫杯了。

泡茶时要将注意力放在对茶叶的认识、对水温的掌控、对茶水比例的拿捏、对浸泡时间的控制上，其他较不重要的环节尽量省略。所以我们主张将温壶、温盅、烫杯省略掉，需要提高它们的温度时，也以简单的手法完成。

品茶时要求茶汤要高温，即使烫嘴也勉强喝了，这是不好的观念与习惯，细微的香气与滋味在这种情况之下是欣赏不出来的。茶汤讲究各种香味的组配，这种香味的立体感唯有在适口的汤温下才容易感受。着眼于泡茶需要适当的水温，喝茶需要适当的汤温，不必将温壶、温盅、烫杯视为非要不可的泡茶过程。

（蔡荣章）

品水纳入泡茶过程

我们把喝水纳入小壶茶法的规定步骤，喝茶也要喝水，因为水是那么美，泡茶人爱茶，要将茶泡得很好，除了用合适的泡茶器，也会花心思找水，直找到满意为止，才创作茶汤作品。茶汤美味与否的关键，水占了百分之七十的决定性因素。品茗过程中喝上一、二道清水，有尝尝水本身原来清鲜滋味的意思。这也是泡茶者的一种本领与追求，表达了他对水的认识，或更进一步的什么水要泡什么茶，水应怎么煮热，水与器、与茶叶接触后的变化等。很多人只注意在茶席上要欣赏茶叶与茶壶，然而不知欣赏水也一样重要。倘若水质欠佳，泡出茶汤是不堪品饮的。

喝水除了有品赏目的，也是避免喝茶喝太凶让人尿频，导致身体流失水分。我常常碰到只喝茶不喝水的地方，比如参加学校的茶文化研讨会、拜访茶行、在茶馆讲课，待个半天，换了几壶茶，每壶喝三、四道，喝了几百毫升茶，清水却无一杯，这种习惯不利于身体新陈代谢。常常喝茶的人都知道，品茶同时往往伴着跑卫生间，如果完全用茶来代替清水，可能影响体液不平衡，觉得这茶怎么越喝越渴。故我们喝一、两道茶后就喝杯清水来补充水分，让喝水成为品茗活动的一部分。

品茗过程另一内容也包括吃茶食，于是有人开始误以为喝水是为了漱口，说吃茶食污染口腔、破坏味蕾，要把嘴巴冲干净才喝茶，否则喝不出茶味。其实不要紧，茶食的材料与做法选用与茶搭配的，大小控制在一、两口吃完即可，比如几颗烤白果、一片蒸糕或巧克力，我们的味蕾足以应付这些滋味变化，没有那么脆弱会被打败。品茗同时也喝杯水就可以独立存在，而不是非得要拿来漱口不可。喝水不是为了消灭茶食的滋味，反而有调剂味道层次感的作用。既然不必漱口，就不必争执到底喝水是否规定在茶食之后才对。至于何时喝水，我们现在通行先喝两道茶，喝一道水，吃一道茶食，再来两道茶，慢慢把味觉上的起伏转折发展出来。

我们要品的清水，直接拿茶席上为泡茶已经煮备的热水即可，但是却必须另备一支专用品水壶装清水，且不要与茶汤共用同一支茶海，茶海偶尔仍留存汤末会把清水弄浑浊，如此清水就不够讲究了。品水壶的选择，需谨守其壶材质不能串味的大原则，不然一旦清水感染到异味，品赏价值也就没有了。至于品水壶的造型，尽量挑选一些与泡茶器不相同的，一来容易辨认清水的身份，二来促进茶席的多样貌。将煮水壶的热水倒出来即马上品是行不通的，水太烫进不了口，烫水也容易使食管和胃黏膜受伤。但如果大家都拿着热水等它凉了才喝，恐怕断了气场、延缓进度。故此我们在开始泡茶前就要把热水装入品水壶（将之列为茶法规程），置放一边，让水慢慢降温，需要时才把水倒给品茗者饮用。不冷不热的温水较能激发人们的味蕾去发掘水的清甜，我们应善用这点。

品水与品茶可用同一只品杯，那不会造成什么障碍；一些人喝茶总留下一口在杯底，到泡茶者为他添另一道茶时还要帮他倒掉，这实在是品茶仪轨的坏习惯，可顺便改掉，把品杯的茶汤喝至一滴不剩，让出空杯来装水即可。多准备一套品杯专门品水吧，一二人时也不是不可以，但若说十五人时，喝茶过程未免太过折腾了，不切实际，亦无必要花这个钱。

（许玉莲）

有了古风就是茶道吗

古风广义指“过去的、古代的一些民俗与习惯”，不特指哪个年代和哪种作为。茶界处处可目睹古风的流行，如亲自到山里打水，收购民间旧了的家常用具当茶具用，无论饭碗、酱油碟、汤匙、筷子等都拿来泡茶饮茶，泡茶时模仿古人——穿大袍和泡茶动作、在山林盖间草屋当“修身养性”处、走路姿势也要走得像古人。使用补过的器皿作泡茶用具。茶席都用稀罕古器，边泡茶、喝茶，边穿插吟诗作对、琴棋书画之表演等。

兴思古之幽情，是人人皆有的向往，若欲将之表现得出色，可往两个方向去考虑，其一是须复制得很真，器物或手法皆按照当时所做的依样画葫芦、练至毫无破绽的地步，这是为学习或研究所下的功夫，一般属于博物馆专家的工作。还有一种是茶道美学、精神层面的如“空寂”美学，日本从古代禅学带进草庵式茶道，具体实施在日本茶道中，古风至今犹存。

第二方向是要古为今用，将古人的智慧与精粹，点点滴滴融入现代茶道观念中，赋予当代的生命力。如举办曲水流觞式的茶会，取其中几个重要精神如：很自由地就座，爱和谁坐就和谁坐，茶汤、茶食过来了，只取一瓢饮，在漂流中及时取食，大家轮流到源头去泡茶，顺便散步运动等即可。至于曲水流觞前先要举行修禊祭祀仪式，大家到溪边洗濯身体，流觞中饮酒并赋诗，那就大可不必了。

有些观念与时俱进并没有什么不好，唐代的陆羽、宋代的陆游在当时都是走在时代前头、提出茶道创见的人，并不是一直跟着前人的步伐而已。我们也要找出适合当代生活方式的做法，如：优质瓶装矿泉水与电煮水器的应用，只要泡茶效果好就可。如想仿效取山泉和烧炭煮水，就需做到：拿回来的水是从好源头来的，要懂得如何用炭，也要懂得辨别电煮和炭煮的优劣。

“古风”不是外在的模仿，不是装成有历史、有文化的样子。一件旧器、一袭麻衣大袍、一所茶屋，必须知道它的内涵所指是什么，并天天练习，实施在泡茶之中。否则，搬些古旧的东西来填塞自己在茶道的不足、补充心虚的地方，只懂得讲究“茶叶的外壳是旧包装”“杯子是哪家哪位老人用过的”表面东西来炫耀、武装自己，忘掉还是要回归到泡茶、茶汤的本质，泡茶者就会变得虚虚的。再说锔补，原来是穷困时代的碗碟只要不破裂得太厉害，便拿去给补碗摊子补一补继续用，当时花费不多。现今或有些博物馆需要修复陶瓷物件，也用到锔补。现今锔瓷手艺已成稀有行业，一定要有很了不起的器物，才有必要找到一位懂得这种手艺的人，才值得花那么多钱去补。这些传统手艺与珍惜器物之情固然让人动容，但却已经偏离茶道，属于另一个范畴的事了。补过的器物用于喝茶，其实我们还要考虑它的卫生问题呢。旧器古物有两种价值，一是历史价值，它有时间意义和人们传承的感情，但对泡茶没有用处，只是一件“空虚”摆设的器物。第二种是除了具有以上所说的时间与传承意义，还加上美的价值与对泡茶的帮助。能够将茶汤表现得更好，将茶道内涵表现得更清楚，旧器古物才可以成为一件好茶器，帮茶道说话。

（许玉莲）

泡茶可以公式化吗

“为什么不给大家一个泡茶的标准方法呢？免得大家摸索，如，多大的壶要放多少的茶？要冲入什么温度的热水？需浸泡多长时间？”于是，2003年左右，“一泡装”的茶叶出现了，研发的人以当时通用的盖碗为冲泡器，生产8克一包的茶叶，后来又有人为茶壶生产了10克、12克的“一泡装”。这种一泡装的茶使用原片茶，而且可以冲泡数次，跟使用细碎状的茶，只准备冲泡一次的“小茶包”不一样。

“一泡装”茶叶的出现，养成了大家以固定的茶量、固定的冲泡器、固定的时间来泡茶的习惯，到了后来，即使不使用一泡装的茶叶，也要称一称茶量才放心泡茶。这种称重量的泡茶方法可以把茶泡好吗？只能大约地把茶泡成，无法泡得很精致。为什么呢？因为茶叶除了重量以外，还有茶叶的老嫩、茶叶的细碎程度、茶叶的发酵、揉捻、焙火、陈放等不同，都影响到所需的水温与浸泡的时间。除了茶量与水温，还有冲泡器的容量与材质的因素呢。

每人使用的茶器容量与茶叶品质无法一致，是泡茶标准化很难实施的原因。人们是走到哪里就要泡茶到哪里的，但是遇到的壶具往往是不一样的款式与大小，所以不能有一定的公式可以使用，除非随身携带自己的壶具。遇到的茶叶也不会一致，而且变化大于壶具。你说我可以携带自己的茶叶，但是罐子上半部与罐子下半部的茶叶粗细可能不一样，那就携带一泡装的茶叶出门吧，但是即使是同一批茶，每一包的粗细也会因被挤压的程度而有所差异。至于不同批次的茶，其品质掌控就更困难了。

视泡茶器的大小配以适当的茶叶用量，就是所谓的茶水比例，这是泡茶的第一个要素，再依茶叶的品质特色，如粗细、老嫩、发酵、揉捻、焙火、陈化等决定水温的高低以及浸泡的时间，这是泡茶的第二个要素。固定使用一把壶、固定使用一定的茶叶重量，是解决了茶水比的问题，但是茶叶的品质判断得要靠自己学术与经验的累积。如果茶叶能由厂商百分之百地掌控在固定的标准之下，那是可以使用公式化的泡茶方法。但是壶的大小与茶叶的重量容易解决，茶叶的品质难得固定在一个标准上。

自动泡茶机就是朝着这个目标研发的，茶水比例固定在一个标准上没有问题，温度也可以在茶包上标示，剩下的就是茶叶品质的掌控，泡茶机的生产者要求搭配使用厂商供应的茶包就是这个原因。

但是泡茶喝茶的乐趣在于，拿到一把壶和一罐茶叶，有一把煮水器，只要壶、茶、水够好，就可以泡出很到位的茶汤。泡茶者还会看茶泡茶，修改茶水比例、水温、浸泡时间，借此促使茶叶的各种成分依需要的比例释出，把茶的特性完美表现。这才叫作茶汤作品的创作、茶道艺术的呈现。

使用自动泡茶机的人也可以在仔细分析茶况后，对时间和温度做微调，也可以自行改变茶叶的用量，这样就是加进去了人为机动性的判断，使茶汤提升到更高的精致度。至于浸泡桶的材质、煮水的燃料，自动泡茶机是不容易让使用者随心所欲的，只有泡茶用水可以自行选用，但是如果如此一一要求，不是又回到非公式化、非自动化的泡茶方式了吗？

（蔡荣章）

时时养成正式泡茶的心态

正式泡茶就是在公开场合从事着茶道演示。平时我们就可以把茶泡好，何必等到公开演示的时候？但是经验告诉我们，没有正式泡茶的心态，不容易将茶泡得圆满。因为总会不在乎一些细节，不只是衣服穿得不够正式，可能连指甲都修饰得不够整洁，茶量没有准确地抓取，这些未全面的武装必然让茶汤不够精彩，茶道作品达不到巅峰的状态。

平常自己一个人泡茶，或是三五朋友茶叙，一点儿压力都没有，可全面发挥泡茶的功力。但一上台演示，就乱了手脚，不是忘了控制水温，就是扫翻了一个杯子。这个状况不是我们所要说的把泡茶与喝茶当作一件艺术作品呈现，因为把泡茶与喝茶当作是一件艺术作品看待时，泡茶的过程、客人的招呼、茶汤的创作，是要全面照顾的，而且泡茶的过程、客人的招呼还支撑着茶汤的创作。泡茶过程不够纯熟、客人情绪掌握不当都会影响茶汤的精致程度。

水没有一定的处理程序，控温的设备没有操作熟练，茶壶、茶盅、茶杯的容量没有事先衡量妥当，赏茶、置茶的茶荷大小没能与壶搭配，未知冲水时如何预防壶盖的掉落，一位客人直到第二道茶时才出现怎么办，一位客人将手机放在泡茶席上怎么处理，客人一直追问着茶的来路怎么应对，这些现象出现在平时泡茶时，往往会被忽略，但在正式演示时就会造成极大的困扰，而且不论是否正式演示，都影响泡茶者自身茶道艺术的呈现，尤其是最后作品的“茶汤”。

正式演示不一定要在公众场所，也不一定要有观众或客人，自己一个人在家里泡茶，即使没有客人，也可以是正式的演示，也就是每个动作、每件茶汤应注意的事项都做到位。没有演示能力的人是无法呈现茶道艺术的。泡一杯茶喝喝与创作一件茶道艺术作品来享用不一样，将这两件事分开来看，我们不只发现茶文化的茶汤饮用与茶道艺术是并存的，还发现从2015年到现在，茶道艺术被搁置一旁，少人耕耘。

从泡茶师进阶到茶道艺术家，每场泡茶都要变成正式的演示。演示是“正式”地表现出来，当作是一件艺术作品般的呈现，没有炫耀的意思，但有展现“作品”的意义。茶道艺术家的养成要建立这样的观念。

随兴、自然最好，教条的约束不好，泡茶与喝茶本是轻松自在的一种生活行为，为何要变成那么僵化的茶道艺术？泡茶如果只停留在解渴饮料、保健饮品、社交媒介，茶的另外一片纯艺术领域“茶道艺术”就无从享用了。茶道艺术是将泡茶与喝茶视为一种艺术项目来进行，这项艺术也要随兴与自然才好，谁要如临大敌般地过日子？但茶道艺术要从每次的“正式泡茶演示”做起，做到“随心所欲不逾矩”，变成了习惯，就达到了随兴与自然的状态。那时的茶道艺术、正式泡茶演示，在茶道艺术家心中都已化为乌有，但在外人的眼里，茶道艺术却是长在茶道艺术家的身上。

（蔡荣章）

茶食制作与运用

泡茶师有责任要泡“好茶”，品饮好茶不会消耗我们的能量，随着茶汤在体内运送，我们有养精蓄锐之感，胃部会觉得暖和，四肢觉得舒服，而且手掌脚掌不冷，精神好得很，满足感会油然而生。好茶入肚不会让人产生饥饿感，所以我们说，茶席上的茶食并不是为了人们饿的时候充饥而存在的。

既然如此，准备茶食是为了什么？我们可将茶汤会比喻成交响乐曲演奏会，各类声音搭配是为了丰富整支曲调的层次与境界，茶食在茶汤会的作用亦属于提升香味表现的境界的一种运作。品茶时吃点心属于茶会的一部分，点心只要制作得当，使用得法，并不会降低茶汤的欣赏价值。以泡茶、奉茶、品茶过程和茶汤饮用为主体的茶会是交响乐，那是包含多个乐章、在同一时空响起的。茶点在茶会中，是与茶、器皿、人、规程、环境集成的伴侣之一，互相激荡。茶体的最基本元素，如单宁、氨基酸、咖啡因等释溶于水后将展现各种的苦度、鲜爽度、涩度、酸度、甜度等不同味道。品茶时安排茶食进席，是考虑到它能与茶结合增加茶的美味，是让品茗的滋味增添变化，甚至突显茶性的清苦，让喝茶更有雅趣。有些茶道艺术家举办茶会时会自行制作茶食，因为街上买的现成糕点不是为了茶而存在的，不宜搭配，我从以下几方面提出建议：

一、茶点在茶会的供应时段。茶食运用若只注意到口味组配，那是不够的，还应知道什么时候该吃，什么时候不该吃。品茗时不要“一口茶一口饼”不停吃，茶与茶食要有主副之分，茶食不要一直摆放在茶席上毫无节制地吃，如此就很难专心喝茶。要有应用时机的美，规划出一个有利、妥当的品尝时段，让来宾优雅赏用，那是多么有礼貌的事情，免得造成困惑，于不该吃时吃，该吃时又不吃，或者茶与食物相撞在同一时间奉上，或者食物的冷热口感产生差异变得不那么美味，这些都是没有预先做好准备所造成的无所适从的乱。

茶点在茶会进行前预备好了，又未供应上泡茶席前，须合理收入食盒妥善存放，不得把茶点“赤身裸体”摊开摆着。任由茶点从头到尾放在泡茶席，漫无节制地一口茶一口点心的习惯，容易使人分神。茶点在茶会的供应时段有三种选择，第一种在品茶前食用，是这样安排：把茶食装入食盒，盖上盖子，与筷子、怀纸或瓷碟置放旁边小柜；茶会开始，品茗者与泡茶师行礼入座；泡茶师慢慢把托盘拿出来，怀纸一份份置于盘上，取食盒，打开盖子，用筷子夹起茶食放怀纸上，准备好所需份数，把盖子盖上，与筷子一起放回原位，再双手拿起托盘，将茶食一份份呈上给品茗者，如茶食需要分成两口吃，不忍心粗暴地吃，则配备一支竹签将之切开两半。大家将茶食放入口中，收起怀纸，仔细咀嚼享用；泡茶师看到大家食用完毕，便细腻地开始泡茶。第二种是在品茶间食用，比如像举行茶道艺术家茶汤作品欣赏会的那个样子，计划冲泡六道茶，可安排在三或四道茶后呈上茶食，食后继续泡茶、品茶。第三种则是完成整个泡茶、奉茶、品茶过程之后，以食用茶点为压轴，然后才中场休息。

茶食的花色与多少于茶前、茶间、茶后各有不同细节，不可一概而论，茶前点心最小最简单，茶间食次之，茶后可以稍为丰富。茶前食准备，要特别配接下来的好几道茶，其食物结构要酥软，不需要浪费很多口水去溶化，比如一片蒸红豆糕，一口地瓜泥等，最好入口即化。茶间点心虽说可给多些，结构可以结实些比如纯巧克力片、炖莲子，亦要办得潇洒像路过的样子，勿让品茗者散了心，以为茶会结束。茶后可用些较固体的茶食比如萝卜糕、干柿子慢咬细嚼，满口腔的香味与茶的韵味冲击成一支大合唱。所谓茶后用点心，不是指中场休息离开茶席而吃，它是归纳入茶会的其中之一程序，无论时辰、口感、分量，都是属于该泡茶师不可分割的茶道风格。

二、茶食的味道。既然茶是主角，品茗是主调，茶食与茶汤的搭配原则应如何才能做到协奏共鸣，不会产生减弱作用呢？它们彼此之间须平衡，不能够相互冲突或压倒性地遮盖了对方，茶的苦、涩、甜、酸、鲜、老味与其他食品结合时不要被抢味，茶食与茶汤得寻求同等级的厚度，浓稠茶质配重味点心，淡薄的配轻味的；茶食味道须是甜的，不要酸、辣、咸，这几类食品会刺激口腔，削弱茶味的强度，消减味蕾对茶的灵敏度；其他带强烈奇异味道的食品切不可用。茶食应坚持只用原材料的原汁原味来调味，新鲜烹制，不应过度调味。以食材原味为主，如米浆、椰子汁、红薯、南瓜、香蕉、鸡蛋、玉米粒、芋头等都是一等一香味俱佳的材料，可以当各种糕点的配料，使茶食产生丰富层次感的变化。茶食搭配主要靠口味，而非固定食材。

三、茶食的口感。酥软、细绵是最好，含在口腔里品赏一番随即融化掉的感觉，与品茶的感觉同性质，很容易相融合。茶食外皮要尽量薄、不要含有馅料，如此避免花费太多力气与唾液在一件茶食上，那会造成对抗作用。茶食不要在刚烹制好过热时上席，放室温摊凉，微温即可。茶食不可是硬块难咀嚼之物，这类食品需要含在口腔中咬很久，容易让口腔及味觉疲劳，甚至会使口腔肌肉受损，影响接下来的品茗。亦不可用冰冻食物，口腔会产生麻木感，不宜品茗。

四、茶食的结构。不必规定任何造型，唯需要设计成取拿容易的形状，以一支小竹签、一根汤匙拿到，或两根手指就可取得。或用一片叶子可包裹起来，连叶子也一起吃。有人怀疑，可用手指去拿茶食吗？当然可以，参加茶会品茗前大家先洗手就好了。

不宜供应有骨头或渣滓、需要剥壳、去外皮或贴着一张纸的食品，这些多余物造成食用者的不便，也令茶会的进程产生很多与茶无关的繁复手续，茶会充斥着“多余垃圾”要清理，会打散喝茶的美感。也不要提供汤水做茶食，茶食上也不要用“椰丝、葱花”类容易脱落的食品点缀，这些都会让食用者产生不安，因没办法处理或要去洗手。

五、茶食造型。茶食需要展现美。它的美包括外形，即造型、色泽、视觉效果是否能呈现主题所要说的话，比如针对秋天主题制作茶食，可能寓意一潭湖水或一片枫叶，它们出来的样子就不能只是一坨东西，那会很难看，要将之切成一块块有立体感的形状物，是湖水的话可能还在上面弄两圈细细的涟漪，是枫叶的话这茶食可能弄成金黄色，如此才算是精致的外形。茶食外形非得这么具象吗？不，当然也可以做得很抽象，造型需要照顾色彩与形状的美感，不能忘记也要美味。

六、茶食的制作法。应以蒸熟为主如蒸糕、馒头、土豆泥等，以维持食材的原味制作茶食，来创造一种简单、纯粹的滋味。也可用烤白果，或使用一些干果如柿子。不用油炸物或腌制物。太油腻、过多加工导致茶食离开食材原味太远，拿来搭配茶，就会浪费了茶。

七、茶食的大小。拿起来可直接一口放进嘴巴，这种大小最适合，最好直接做成这样，否则上桌前要将之切成这个大小。茶食大小适口，大大减轻茶法、茶会的程序，可避免制造剩余、收拾残局及要使用很多餐具的问题。我们只是要给味蕾制造一个“二重唱、三重唱”的丰富感觉，而不是要“吃饱”的感觉，所以茶食不要大。一口吃掉，除了食物的完整味道得以体现在口腔，也不会破坏茶食作品的样子，况且不留任何食物残迹在盘子上，不给吃的人制造麻烦。

八、茶食分量的运用。每位品茗者应有属于自己的个人份，个人份的茶食是正式、整洁、细致的做法。

最后，许多人经常问喝茶是不是可以吃东西？有人说不可以，说懂得喝茶的人喝茶时是不吃东西的，因为那会破坏茶的味道。其实茶的味道不会这么容易被破坏或打散，茶的香味会存留在我们口腔中的每一细胞，盘旋在上腭和喉底一段时间。故此喝茶时又要先用对的方法来喝茶：别一口气把茶吞进肚子里，要慢慢吸入茶汤，把茶汤含在口腔内慢慢旋转，慢慢享用，使我们的身体记住那香味，记住了，就不怕它会受到冲击。

（许玉莲）

『泡茶的声音』是有机音乐

泡茶不需要有“特意制造的声音”伴随，“特意制造的声音”即所谓的音乐，无论是现成曲子或说为了该茶席而谱的曲子。泡茶不反对有一点“外来的声音”，即泡茶所在地自然形成或无可避免的人为的声音，如野外泡茶的蝉鸣，“知了知了”聒噪不停、小鸟欢乐歌唱；如家里泡茶环境有点风扇声、隐约传来街外声等；不过分渲染就是。

我要郑重介绍“泡茶的声音”，提出正视泡茶有它本身的声音之研究报告，泡茶人只要用心泡茶，泡茶声音就能表现一定的融合感，水烧开时的汩汩声，水波粼粼，出汤时泉流飞奔跳跃的嘟嘟声，然后戛然而止，这岂不就是一支有机生成的美妙音乐吗？我要从六方面来谈谈为何泡茶声音可以是音乐。

一、认识七类“泡茶的声音”。泡茶有它本身的声音，统称“泡茶的声音”，这些声音分成七类：首先，茶叶有自己的音高，香味播散着自己的高频或低频音律。器物声，使用茶具时，物物碰击发出的声音。走动声，泡茶人与喝茶人走动声。人为之声，提拿茶具、喝茶的声音。周围环境声音，比如：树林中泡茶时的鸟叫、蛙鼓声，下雨就会有风声雨声。呼吸声，人的呼吸也是一种声音，我们知道婴儿的呼吸声最有节奏感，不必很大声，一丝一丝的，我们听到了就格外安心。最后，有一种声音叫作静寂之音，不发出任何声响，也是声音的一种，这时我们听到光影移动、时间流逝、生命鲜活。

“泡茶的声音”是泡茶过程中自然响起的音乐，它跟随人们身体移动的心跳和呼吸发出，使喝茶变得更灵性一些，我们的思潮、我们的动作、我们对泡茶喝茶过程中“形、声、闻、味、触”的感受将不受“与茶无关”的外来声音操纵。有了这些自然产生的交响乐搭配茶，它们就会变成喝茶的一部分。茶，不再需要特别制造的音乐来配乐。

二、“泡茶的声音”其他内涵注解。“泡茶的声音”除了可以成为所谓的配乐，这些声音的本身也带出其他意思，当倾听“泡茶的声音”时，我们有一些有趣的发现，泡茶人的动作是快是慢，那件器物是虚是满，统统可以凭声音就听得出来。如操作很娴熟，出来的声音干净利落，它们很有分寸地表现出这时候该停顿一下，还是该结束了的声响，这类声音的穿透力很强，变成喝茶的一部分非常好听。

相反，如操作时不耐烦、手势生疏者，就会产生一些器具互相乱碰撞的声音，这时的声响效果是干涩、空洞的。缺乏圆融感的声音令人感觉不那么愉快，泡茶的人就可以警惕自己要更用心。练习提拿时，不可重一分，亦不许轻一分，恰到好处的声音需要经过许久的磨炼。

即使看不见泡茶者，单单听到泡茶的声音，我们也可以知道他泡茶泡到哪个步骤：在倒水了，在拨茶入荷了………从泡茶的声音可听到泡茶者的心跳：安静的，快乐的，紧张的，幸福的……同样，泡茶者在每个阶段都要能体会，声音的表现让大家观照到自己泡茶喝茶时的思维，进一步了解我们自己的内心，安顿好，才自在。通过这些静默地聆听“泡茶的声音”的时光，一次又一次，我们将浮躁的心打磨得平静、温暖一些。

但这还不是我们要的，我们要的是就泡茶本身的声音欣赏它，泡茶本身的声音已经有足够的美。

三、十种“泡茶的声音”说明。过去我们只注意到泡茶过程中的煮水声音：水刚刚煮热时有纤细淅淅之声，很热了会振动起来，传出清脆啵啵声，热水继续激荡会响起浑厚的巴拉巴拉声，突然静下来没有声音，就是水煮开了。然而煮水声音不只有这几种粗略阶段，细细体会，不同的水温有不同声音，事实上每个分秒它都发出独有声音。

泡茶也如此，随着进序一步一步往前移而发出自己的声音，我们大约计算了一下，泡茶的声音有十种：

第一种：水注入煮水器的声音。这是还没开始泡茶的备水阶段，首先有一种已经较少在现代生活实施的做法：泡茶用水养在水方（蓄水瓮），用时取瓢，淘水入釜（煮水器），这样倒水发出的声音水声潺潺，现多用水龙头接水，一开水龙头流水就哗哗声响。注水入水壶，就会有水声，从干干的水壶，一直到注满水的过程，声音的表现是有节奏的，从浑厚一直到响亮，因壶内的空气越来越少。

第二种：煮水的声音。以陶壶煮水为例，冷水初煮无声音，直至微波旋转才慢慢开始有丝丝声音，接下来每个阶段都有变化，逐渐高亮。

第三种：置茶的声音。置茶的动作有两处，拨茶入荷与置茶入壶。

这两个动作产生的声音因茶叶形状、器皿材质不同而有些微变化，拨茶入荷时，条形，会有拨动的声音，球状，会有跌落的声音。置茶入壶时也有同样对应的茶声。还可以从茶叶碰触器皿时的声音可以听出身骨的轻重和茶叶的品质，品质高者声音重实，品质低者声音飘浮。比如紧结球状茶叶较铿铿响亮，像珍珠落盘；松中带紧条状茶叶比较不那么凝聚。同样球状茶叶，声音更沉重坚实的身骨也重，是品质较好的。同样是条形茶叶，声音较松散的那个是原料采得比较老的。同一种茶叶掉入瓷器和陶器声音是不同的，与瓷器碰触，声音会明锐些，相反则深沉些。

第四种：冲水的声音。是每一次将煮水壶的热水注入泡茶壶产生的声音，从空壶的温壶动作，到置入茶叶，到冲泡几道后，泡茶器以不同的面貌来接受施水，在虚、实，干燥、潮湿过程中，冲水的声音也会出现细腻的变化。高冲者有声，声音突然中断，表示冲水结束，接着是盖上壶盖的声音。低冲者无声，只听到后来盖上壶盖的声音。

第五种：备杯的声音。翻开杯子是杯口划过杯托的声音，放下杯子是杯子正立于于杯托的声音。

第六种：出汤的声音。倒茶入杯是一段碎玉落盘的声音。倒茶入盅（茶海）是满满一壶茶的丰收之声。

第七种：喝茶的声音。啜，是烫、是享受、是珍惜。吸，是舍不得最后的一滴，而且告诉大家“我”的幸福。

第八种：打开盖子和盖上盖子的声音。打开盖子是期待，是开口张望，盖上盖子是我已拥有，双手环抱。

第九种：取渣的声音。听到刮动壶壁的声音，是渣匙取茶的声音，只听到茶叶铺陈于叶底盘的声音，是茶夹取茶的声音。

第十种：洁壶的声音。将壶内热水连同茶叶倒入水盂，盎盎然“唰拉”一声，俏皮愉快地预告大家：泡茶即将结束。

闭上眼睛，将这些声音串联起来就是泡茶的整段声音，就是泡茶的一首曲子。还需要配乐吗？谁能将配乐的曲子谱写得与这些泡茶的声音协奏在一块儿？

五、如何欣赏“泡茶的声音”。我们常对刚开始学泡茶的学生说泡茶时不要发出声音，因为那时他们还不懂，无论走动、准备茶具、倒水等动作做起来，或拖泥带水或杂乱，那些声音时而显得尖锐或紧张，变成一种失真的嘈杂感，没有玩味的价值。

现在谈到“泡茶的声音”可成为泡茶的配乐，那么它们必须在一定的条件下才能够呈现出来，泡茶者与喝茶者都要练习得很专注与娴熟的功夫，这些声音便能响得分毫不差，可以进入欣赏的阶段，从美的角度来听。

这些声音不再是噪声，而变成很美妙的乐音，点缀泡茶喝茶过程。这些声音组合了一个有机的乐曲，从倒水、煮水、冲茶、备杯、喝茶，从头到尾不刻意把声音敲击出来，但随着动作与心情起伏，却写出了泡茶的旋律，自然而然随伴着泡茶而来的声音，只让人觉得满足，觉得美好。

六、分析“茶有不同的音高与音质”。虽然茶发不了声音，但本身有声音的功效。茶本身有不同的音高与音质，这音高与音质不是用听的，是用嗅觉来闻、味觉来尝的。它们不是用耳朵听的，是用鼻子和口腔来听（体会）的。由于茶叶制作方式不同所造成的不同香味风格的属性，比如：控制不同的茶青成熟度与揉捻力道，让茶香在频率上起了变化，有些高频如小提琴，有些低频如大提琴；这些音频的强弱度就是茶香味的音高。芽茶类制成的茶在茶香上显得比叶茶类要高频，如果前者有如小提琴的风格，那后者就有如大提琴。

芽茶类的茶中，嫩度高者又比嫩度低者在香气的频率上要高一些，叶茶类亦是如此。

揉捻的轻重更是加重香气频率的变化，不论芽茶类或是叶茶类，只要在揉捻时是采重揉的，其香气的频率都要比采轻揉的低。

另一例子：茶的香气在陈放之后都会变得比较低频，但是这时所产生的频率下降，不像上述揉捻程度与茶青成熟度那么明显，只明显地发生在香的净度与醇度上，有如同样的二把小提琴，频率范围相当，但一新一旧，旧的那把在音色上理应较为纯净。

茶叶中常听见的基础音高从低沉至清亮有：六堡的do、普洱的re、岩茶的mi、单丛的fa、铁观音的sou、白毫乌龙的la、碧螺春的xi、龙井的do。茶中的音质也每个都不一样，领会do re mi fa sou la xi do的音色是否够优美动听，要从舌尖、口腔、上腭、喉底去寻觅，像六堡、普洱是指年份已久的老茶，香味较低频却充满苍劲感，而且宽厚，像低音拉得很长的拍子。

岩茶、单丛、铁观音的焙火程度相对偏熟，显现强劲的低频，有高昂的圆润度，喝起来觉得饱满与温暖。

白毫乌龙声音是紧密的，而且飘逸，相比前面说过的茶，音频变得明快起来。

现代做法的红茶发酵程度并不那么重，可与白毫乌龙靠在一起，音频倾向沉实的那一端。

碧螺春与龙井同属明亮轻快音调，但碧螺春的是一种相对低明亮度的声音，更觉柔和感，龙井则是发音较短促，有清脆感。

结论：每位泡茶者都能奏出自己“泡茶的交响曲”。

最后，我认为泡茶的声音使茶道丰富而多变化，喝茶时不要光是说茶名、看茶汤、问香不香、看泡茶动作美不美，除了这些以外，泡茶的声音也属于欣赏的项目。

泡茶的每一个声音皆出自茶人做的每一个动作，动作经过思考、练习而养成，无论那个动作有多么的小，它都发自茶人的内心波动。每一次泡茶时，茶人的手在空中舞动挥洒，别以为它没有什么，它充满了对茶、对人的热情，我们从声音听出：他倒出的每一杯茶汤的分量均匀，因为倒茶入杯时滴答流水声音的长短节奏一样。他放壶放杯，只有轻轻“嗒”一声，不尖利也不拖拉。这些都是爱茶、爱人而产生的崇敬之心的声音。

不愿意让泡茶时的自然有机声音出现在泡茶中，反而去找一些不属于泡茶范畴的声音来搭配茶，显得不恰当，也无意义。为了不想泡茶发出杂音，就规定泡茶不要有声音，操作起来蹑手蹑脚，反而造作。应正面接受这些泡茶的声音，慢慢练习将之串联，再用欣赏的角度去听它，每一位泡茶者都可以“奏出”自己的“泡茶交响曲”。

（许玉莲）

泡茶、奉茶

品茶的精神

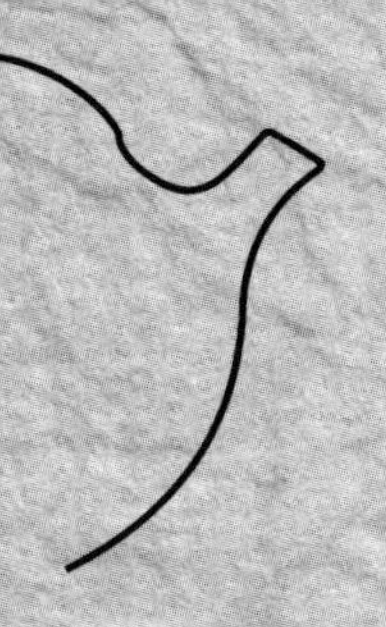

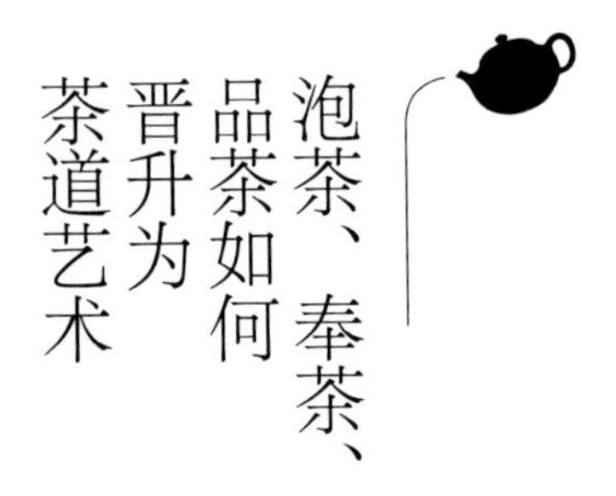

泡茶、奉茶、品茶如何晋升为茶道艺术

“茶好喝吗？”

“好喝”是第一种回答。

“没什么好喝的”是第二种回答。

“喝不懂”是第三种回答。

喝不懂是关键，如果喝懂了，不是觉得好喝就是觉得不好喝，但是通常都是不求甚解，经常喝到好喝的茶就认定茶是好喝的，经常喝到不好喝的茶就认定茶是不好喝的。从茶道艺术的立场，并不是要大家都认为茶好喝，要好茶、泡得好，才会好喝，不是好茶、泡得不好，是谈不上茶道艺术的。

“泡茶好看吗？”

“没什么好看”，是第一种回答。

“要有其他项目配合才好看”，是第二种回答。

“我看过好看的”，是第三种回答。

不深懂茶道艺术的人，泡起茶来确是没什么好看。若是加上其他的项目，诸如泡茶者的打扮、茶席上的配乐、插花、挂画、舞蹈等，有些人会觉得有看头，但如果处理得不好，也不见得好看。“我看过好看的”，这说明另有一些泡茶是让人爱看的，可能是噱头十足，让人看得目不转睛，也可能是茶道艺术家在进行着茶道艺术的展现，深得人心、耐人咀嚼。

泡茶要好喝、好看，必须要有好茶，泡得好，把泡茶、奉茶、品茶诸过程当作是一件艺术作品来呈现。只有好茶，并将茶泡好，仅能达到好喝的地步，要能把泡茶、奉茶、品茶诸过程当作一件艺术作品呈现，才能达到好喝又好看。有好茶，也把茶泡好了，但夹杂在其他艺术项目之中，即使其他艺术项目处理得很好，茶汤、泡茶也只是其中的一环，如果其他艺术项目处理得不好，茶汤、泡茶就被埋没其间。要将茶道艺术完整地在其他艺术纷呈的场合凸显，而且让品茗者充分体会到茶道艺术的存在，是困难的。各种艺术同时在一个场所呈现，将这种现象说成是茶席主人才艺纵横，是“要求不高”的评语，事实上只是每项泛泛展示而已。每项艺术都有其独特且不借其他艺术项目就能俱足的呈现方式，如此才能深入、完整地创作与欣赏，茶道艺术如此、音乐如此、舞蹈如此，创作者如此、参与者亦必须全神贯注。茶道艺术呈现时，创作者及参与者是无暇兼顾其他艺术项目的，创作者无暇从事茶叶、泡法与茶道方面的解说，品茗者也无暇说话或拍照。茶的好喝与泡茶的好看包括了有好茶、会泡茶，还要会喝茶，而且将泡茶、奉茶、品茶以艺术创作的要求呈现。

为什么茶道艺术要将泡茶、奉茶、品茶视为一体呢？因为如果除掉品茶，仅是泡茶，则只是肢体的表现，只是在舞蹈的领域；若仅是奉茶，或是仍与泡茶结合在一起，也仅是多了人与人的关系，仅属于戏剧的范畴；茶道艺术必须以茶为灵魂，以茶为主轴，泡茶、奉茶都是为茶而做，如此结合才是茶道艺术。

但能不能只是品茶呢？只是把泡好的茶汤端出来呢？不成，那岂不成了罐头茶，罐头茶即使泡得再好，也不能算是一件艺术作品，这与一幅画画好后就成了一件作品，运到哪里都还是一件作品不同。茶汤必须现场冲泡、现场取用，才是一件茶道艺术作品。

上面对茶道艺术的界定，有人会认为太主观，但如果将茶道艺术界定在茶汤，茶道将变得狭隘，前面的泡茶、奉茶仅是过程；如果将茶道艺术界定在泡茶、奉茶，又失掉了茶道必须将茶喝了才算数的基本道理；如果将茶道艺术放在其他众艺之中，茶道艺术将难以独立、俱足地被人们享用。

（蔡荣章）

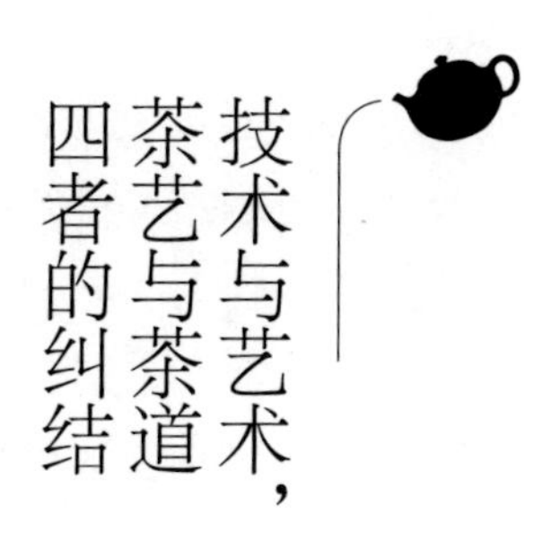

技术与艺术，茶艺与茶道四者的纠结

茶道艺术是由技术与艺术打造成的一部车子，技术是底盘驱动部分，没它走不了，艺术是乘坐的部分，没它不能当交通工具。二者是车子的一体两面，无法分开。

前面这段话的最终目的是在说“茶艺”与“茶道艺术”，为什么不直接说茶艺与茶道艺术是一部车子的两个部分？因为目前对茶艺与茶道的解释尚有分歧，不能直接说茶艺是底盘驱动部分，茶道是乘坐的部分。有人就茶艺与茶道的字面这么解说：“形而上者是道，形而下者是艺”、又说“不轻言道”，这种界定不是最初使用“茶艺”人的本意。还有人说：因为已经有人用了茶道，所以我们改用茶艺，因为“道”太深奥我们不要用，这也不是最初使用“茶艺”人的本意。

使用“茶艺”是20世纪80年代初，也就是茶文化复兴的初期，为了卖茶、卖茶具、卖品茗空间而取的店面名字，试想，当时若称作“某某茶道中心”或“某某茶道馆”，不是让要买茶叶茶具与喝茶的人裹足不前？当时，还来不及为泡茶、奉茶、品茶这样的艺术取个名称呢。

后来，泡茶与喝茶的风气兴起了，而且越来越讲究，于是考虑起对比较精致的泡茶、喝茶是用茶艺还是茶道，还是茶文化的名称。茶文化范围太大，所以只能缩小在茶艺或茶道的范围。除了刚才说到的就字面意义解读艺与道的差别外，还延伸出内涵的不同，有人说茶艺是“茶”加“艺”，是泡茶及其他艺术（如音乐、插花、焚香、吟唱等）的共同呈现、茶道是“茶”加“道”，是从泡茶、喝茶晋升到修身养性与处事态度的学科。从字面上已无法让人释怀地使用茶艺或茶道，从内涵上也是，若“茶艺”是“茶”加上“艺”“茶道”是“茶”加上“道”，都忽略了泡茶、奉茶、品茶这项“茶道艺术”的本体了。

泡茶与喝茶这项艺术是开头所说的那部车子，与它配合的其他艺术（如音乐、插花、焚香、吟唱等）是另外一部车子，被要求达到的修行功能（如禅定、和谐、大同等）是这些车子行走的车道。车道是各种车子（如茶道、音乐、舞蹈、美学、宗教等）都可以行走的，不能把修行功能、其他艺术项目都列入“茶”这部车子里面。为了把泡茶、喝茶与其他艺术项目及这些艺术带来的修行功能分开，才用车子代表艺术，用道路代表功能。

任何艺术项目，包括茶道艺术，都是由技术与艺术组合而成，没有精湛的技术就无法呈现艺术的作品，没有艺术，技术只能呈现没有审美与思想的躯体。那么“茶艺”的“艺”在哪里？在茶的本身，在泡茶、奉茶、品茶之间，是以泡茶、奉茶、品茶为桥梁所呈现的艺术；那“茶道”的“道”在哪里？在泡茶、奉茶、品茶所形成的艺术之中，这时茶中的“道”自然可以使出法力，使人变得精致而可爱。

与音乐、绘画同是艺术项目的泡茶、喝茶，要怎样称呼呢？创个新名词不容易，现有的称呼中以“茶道艺术”最为适合，就是以“茶道艺术”代表泡茶、喝茶所呈现的艺术，也就是代表开头所说的那部车子。茶文化除了茶道之外，还有上游的茶树种植、茶叶制造、中游的茶叶行销，茶道是下游的品饮。茶道可以是简单的饮用，也可以是精致的品赏，都可以说是泡茶、喝茶的艺术。有了上述对茶艺、茶道的认识，当说到泡茶、喝茶的艺术时，用了“茶艺”这词儿，应把它当作是“茶道”的同义词，不能以为它另有所指地在说些有形的部分，否则又回到错误的老路，茶艺与茶道又要分庭抗礼了。

（蔡荣章）

纯茶道的觉醒

要说纯茶道，是因为茶道变质了，懂得茶道内涵的人也渐失散，多的是扮演“茶人”的演员。茶道原来指泡茶、奉茶、喝茶这一件事，泡着、喝着、天天把玩着，于是磨出许多平常不怎么上心的事情：与茶有直接关系的水、器、环境、时间、手法，或是从坐的方式到吃饭的方式，无论它们是多么微小，或有人觉得无关紧要，但泡茶人为了能更好地泡茶，会重新评估这些器物和行为，必要时调整、归纳它们，找到它们的内涵，使到它们能够为茶服务。纯茶道的萎缩，因大家在茶席中加入许多与茶无相关的外在事物，如：复古服装、古董木头、禅意风景、装置设计等；也为泡茶、喝茶加入许多情节，如：谈情说爱、清歌妙舞、忠孝节义。光是有这种表面视觉的叙述，而忘记茶道必须从茶汤、喝茶里找出真理，更误导大众以为茶道只是人们虚情假意地在上演一出戏，如此下去，纯茶道早晚会被牺牲掉，亦不可知。

纯茶道是指只和茶有关的茶道，茶席上只放与这次泡茶有关的器皿，茶会里只做与茶道有关的事，不受非茶道因素影响的茶道。非茶道因素包括：文学、设计、插花、摄影、字画、颜色、形状、音乐、哲学、服装、焚香、歌唱、跳舞、戏剧、纺织品等。不是说泡茶师不必或不能有其他方面的修养，相反，上述各种知识的累积可培养泡茶师的眼界，令其在泡茶时更具备条件。我们说纯茶道不要有其他项目加入，即泡茶时要专一凝视茶，一本正经地，慎重地做：置茶、入水、出汤、啜茶、观渣等，一个手势一个手势精细做，喝茶时静静地含着咀嚼，口鼻维持高度灵敏来接待这一口汤。在这种茶道浸润久了，身体动作自然不会拖泥带水，思路自然越清楚，才越可能养成品位，人与茶才能融为一体，不分茶我，谓之“茶道”。

纯茶道“可见度”受影响的原因，是纯茶道在目前的主流趋势显得有点小众，要先从道场占有率说起，因为真正可以呈献纯茶道的人很难物色到，他们最好在茶汤里“泡”过十年八年，会泡茶、喝茶、爱茶、懂茶、享受茶，将茶道视为一种需要，懂得茶道艺术内涵，而且泡出的茶汤作品具有很好的水准，是供人们欣赏享用，滋润身心的作品。这一小众有潜能的纯茶道者多为茶道老师，而茶界中全职任茶道老师的几乎没有，多为兼职，他们大多也在茶企兼顾营销、行政等工作，维持生计，日子久了，难免疏于专注纯茶道的练习。当下茶界正需重视此问题，让从事纯茶道工作者亦可找到一片生存空间，多层次发展茶道，以平衡茶界生态环境。

纯茶道的演示无法做给大众知道与接触，发展也跟着缓慢了，此消彼长，其他非纯茶道的茶艺表演因而崛起，市场上茶艺表演者多不必懂茶，不必会喝茶和爱茶，只要扮演好被指定的角色如：该弹琴唱歌时要弹琴唱歌，该沉思泡茶时要沉思泡茶，有足够演技，演出泡茶者的表情和动作就可了。这种泡茶表演让大众忽略泡茶奉茶喝茶内涵，把注意力放在表演者的肢体、面貌和动作上，结果导致目前茶界形成了美女天下，真正泡茶、喝茶的纯茶道者显现功夫的道场已式微，被茶艺表演、茶艺歌舞、茶艺戏剧等稀释了。泡茶者越懒惰于做深刻的茶道演示，就会越依赖美女扮演泡茶者来模拟泡茶的样子给大家看，把大众变得只要大而化之的外观，不讲究细腻和精致的精神，纯茶道的内涵也越加削弱。

茶席上掺和了与茶无关的事物也让“茶成分”比例降低，如：茶席上播放音乐，是纯茶道的最大破坏原因，人们在茶席上往往被乐声牵着走，摇头摆脑拍着拍子，忘了参加茶会应专注在泡茶过程。泡茶席的背景挂画饰、席上摆插花、点香，大家以为可点缀茶席，有些甚至把空间设计师、花艺、焚香者直接请到茶会现场助威，结果他们的风头比泡茶师还犀利，其实弄巧反拙，显现泡茶师对“茶”的信心不足，泡茶与喝茶变得不再重要。

要如何让大众重视泡茶本身，尊重泡茶的内容与内涵，呈献出纯茶道的精神与面貌？这份“重视”要从几方面做起，泡茶者必须知道茶法技艺的重要：茶道的灵魂，最终还得回到茶汤本身去表现。泡茶要选用何种质地的水，水该怎么加热，水的温度要多高，要投入多少茶叶，浸泡需时多久，选什么器具等，都是有科学原理可依据的，不应以“茶具贵否”来判断，应针对不同性质的茶叶实施个别方法，制作出当时最好的效果。泡茶者很有信念地把茶道表现出来，不以喝茶者的身份地位来猜测或揣度别人的心意来迎合，茶法才能成为让人崇拜的专业技术。

茶界应当把“只可让漂亮女孩上台泡茶”这想法纠正过来，让“有泡茶能力者”泡茶，不分性别，不限年龄。开设品茗馆，找一些有水准有本领的泡茶师，不断为大家泡茶，卖“好喝的茶汤”给大众，让大家了解泡茶的涵义，大家感受到茶界的专业，那么“纯茶道”才能让大家信服。

茶席的设置不要有音乐的干扰，泡茶场地要寂静，大家才专注投入整个过程，专心也才能表现出对泡茶师的尊重。

泡茶师信念的养成：“创作茶汤”时要能够练习到让心和呼吸跟着手走，每一次我们的手在空气中挥动时，别以为它没有什么，我们内心的力量与感情将会通过手势传递出去，心神越集中，当然可凝聚的波动越强大，否则只是心不在焉的一些花拳绣腿，那是不够的。如看茶叶、闻茶香，要双手很小心地托起茶荷，将茶轻轻推向鼻翼，闭上眼睛，微微深呼吸，让香气真正进入我们身体，那才叫作闻好了。拿一只壶，从这里到那里，要很精准地持着壶把，按着壶盖，安安稳稳拿起来，放下去，不可草率了事。如此，我们就可以永远拥有这样一个非常专心的泡茶动作，让它成为我们身体、灵魂的一部分。

泡茶师除了懂得泡茶，还要爱茶。我们喜欢茶，就会经常很想泡茶，想要找一些好的茶泡给大家品赏，这是很大的动力，要不然爱也无从产生，有了爱茶之心，人们感受到其中热情与专业，就会引起大家爱茶的喜悦，要不然就索然无味了。

欣赏茶汤的方法：泡茶师需要有一点抽象艺术的素养，具象的美从茶汤看不出来，因为茶汤不具象。茶汤的色泽不会告诉我们它高兴还是不高兴，叶子的外观我们也看不出它笑还是哭，茶的香味更加没有表情，没有声调。如果不能感受它们代表什么意思，那么茶汤作品就没有意义。具象的东西如：茶席摆得很漂亮、泡茶师动作很优雅，这只古董壶十万元、那个茶叶值五万元、花了三万元把十八棵树搬运进会场制造氛围。诸如此类的话题很快就会说完的，说完了也就没了，这些与茶没有产生直接关系的都属于干扰。

一旦我们对抽象艺术有了感受，可以理解，我们才能够有能力欣赏从茶衍生而出的茶道艺术。色香味有它自己的语言，如看到这杯茶汤金黄色那杯茶汤红褐色，泡茶师也不觉得有什么了不起，那么这位泡茶师是很难表达茶道里的内涵的。泡茶师一定要看懂、喝懂“茶”的语汇，他才会读出好多好多美丽的东西，比如懂得绿黄的汤色是绿茶，更进一步，看得有深度：绿也有不一样的绿，有嫩草绿、豆绿、深绿、暗绿、碧绿、浅绿等，绿茶深绿表示很浓、味道很重，浅绿表示味道淡。

在茶里嗅闻到芽香，我们知道这是绿茶，如芽香越来越浓郁，越来越浓郁似花蜜的香，我们知道这是非常优质的绿茶了。这些都是很有吸引力，显示了纯茶道艺术的部分，泡茶师读懂了它们，创作茶汤作品的过程才不会枯燥无味，才不会变得只有形式动作罢了。

当我们知道泡着的茶拥有何种个性，我们就尽一切所能维护它的这个香味，决不轻意破坏它，我们的茶席、泡茶器皿、品茗环境、泡茶服、茶法等，统统都为了服务它而生，我们就会守着这一点感动，再将这点感动通过茶汤作品传达出来，感动其他喝茶的人。我们精神集中，凝聚感受，用愉快、安静的手势施法，把属于茶汤的灵魂专心呈献，这就是纯茶道要表现的内涵。

（许玉莲）

茶道养成的基本观念

我们喝什么茶，就会长成一个什么样的人，故品茶、说茶道，不可将种茶、制茶、包装茶、买卖茶、存放茶、泡茶、奉茶、品茶与茶道分开说。对茶没有保持一种立场，即便有道，这道也不可能属于茶的道。所有事情都有一个经过，茶从鲜叶变成茶叶，变成茶汤，最终成为茶渣的过程，势必经过无数手段，人们使用不同方法去处理、实现各自的目的，这就是对茶的态度。茶一旦离开这些被完成的门路与技能，是无道可养成的，因为思想、工作、生活作风是道的基本。无可避免地，茶道建立需遵循几个与茶相关的基本原则，即优质、清洁及个性。在喝下每一口茶的同时，我们应开始思量，我们如此做的背后，所得到的满足快乐、所付出的代价与应负的责任是什么，我们不可能光是风花雪月、纵情休闲，或纯粹堆砌辞藻、说些空洞内容的门面话即谓之茶文化。

优质是指好的茶叶，不等于好看的茶叶，不等于贵的茶叶，要用新鲜原料，制出香味馥郁、可满足身体需求的茶叶。茶具亦如此，要用无危害的原料，让人放心之余还感受到工艺之美，用起来又恰到好处。简单概括，从种植茶到清理茶渣的整个历程，一切需按照时间、时空、时节、时代来考虑。以下举例：时间是说茶叶发酵时间要多少才熟成？老茶收放要多久才酝酿足够？泡茶时间要多长才算好？不能随意喜欢就短一些，不喜欢就长一些。时空是说不同时空的茶山所采摘鲜叶有不同优劣之处，要精炼其可爱的一面，并应透明化产地。时节是自然现象：阳光、风霜、雨水及空气湿度都会影响茶的生长及性质，要做出当时最好的品质。时代是说不要忘记先天和后天的配合，当代的技术合生活方式一天天在变，要能掌握并精进，比如泡茶法的演变需符合现代家居环境。

清洁是指生产到使用过程务必能维持人体、物体、环境在一个健康、卫生、协调的状态，指的不但是茶叶无农药残留，勿让人类吃进有碍身体健康的物品；也是指人类与自然的相处，应当保持善良的关系，否则清新空气的消失，土地生态的遭破坏，都是我们在茶道建立中付出的代价。对我们周遭世界的影响的忽视，是破坏自然、破坏人类生活的源头。比如现今很多茶叶使用铝箔袋，包装成小包行销，一包净重约10克，买1公斤茶叶就需用到100个铝箔袋，再加上泡茶时吃的茶食也用这种包装，耗费了又任其遗弃在土地上的铝箔袋数量之多，变相成了“花钱买垃圾”，造成土地污染，对茶道、土地与人类都会造成伤害。

个性是指支持人们持续某种合理的态度生产茶和品饮茶，无论他们的规模有多么小，都不应受到剥削，应尊重多样化选择。我们对大集团市场操作、工业机制规格化的方式要有反省，标准化的模式固然有助推动经济，但有时这些发展并没有我们想象那么好。茶叶物质的获得更容易，并没有让我们成为一个更懂得欣赏茶的人。一些值得保留的文化也会在这样的运作之下快速消失，比如，我们再也喝不到20世纪90年代那种熟火铁观音、正山小种的味道，这意味着某些价值观已经被放弃。是哪家制茶师做的茶？哪位茶人收藏的茶，收了三十年，他是怎么收的？由哪位茶人掌壶泡制茶汤？这些代表着的不仅是一种配方，一种技术，更表现了茶人们的一种态度，一种活力，一种信念。只有在我们有了对人、器物、时间、土地、茶的感情，知道如何守护这些事物的优质、清洁、个性的基本观念，我们才能快乐地与茶道打交道。

（许玉莲）

论茶道精神

什么是茶道精神？茶人泡茶时有一定原则与要求，他们又自然地把这套方法用在生活：保持干净怎么做、珍惜一只壶怎么做……延伸至衣、食、住、行，逐渐形成一种不可取代的生活态度。当很多人同时坚持要这样子过活，要这样子泡茶，社会就出现一股气质，此种气质的养成，来自这群茶人认为茶要如何表现，我们姑且称这种气质为茶道精神。

茶道精神可凭空编造吗？不可能，茶叶有四个阶段的生命：鲜叶、茶叶、茶汤和茶渣，茶人在考察茶来源、寻找好茶叶、如何把茶泡好、如何品享茶汤及在好好观赏茶渣过程中，对茶、对所涉及之人所做一切而带出的做法，一定得亲身经验，才有办法构造茶道精神，否则就是纸上谈兵。

请来满腹经纶的专家，将他们认为最好的世俗价值嫁接在茶道上，是做学问发表演说。如期许社会人士要融洽相处、待人接物要有礼貌，这是很好的愿景，不过我们不会因为抱着这种期许，就说我们的茶道精神是“爱”。期许与实践之间有微妙不同，任何一种赋予精神的茶道理念，都须经茶人具体将细节做出来才能存在。比如“爱”的精神，是包括茶人选择茶叶时，确定它的制作手段没有违反自然，这样的茶叶即使不强调它的保健成分，喝了也会身心健康，喝了才产生“爱”的感动。“爱”也包括对叶子的友善。如泡茶时才强调表现茶道精神，不泡茶时就满不在乎，那是不足够为“精神”做见证的。

将历史例子印证出来可以了吧？不，那是灌输大众应知道的常识而已。过去茶人的情操我们要借鉴，但难道说曾有过的，我们现今就会自动获得遗传，说我们也有了吗；况且他们曾做过的、无论有多美好的观念，也需考虑当代文明、价值观与以往时代不同，实施起来行得通否。拥有不同认知与情绪的人，不了解茶、不爱茶，缺少每天锲而不舍的练习，即使很会说茶道精神的道理，也是虚有其表。

茶道精神，无论泡茶时或非泡茶时都要凸显吗？刚开始会觉得茶席上有这个需要，慢慢发觉，生活上不这样做也会觉得不满足。

我体悟茶道精神，但我还没有完全符合这个茶道精神的境界，怎么办？精神面貌的样子，岂能说有即有，必得经过漫长岁月实践，熟练到连自己都忘记了，人们也看不出你在做了，只觉得你本来就是长得如此气质，那或许才是最佳的完成。但这个完成必须能够不断维持。

是否泡茶经验越久、可以把茶泡好，就会产生出茶道精神呢？不一定，泡茶钟点数与泡茶技法固然重要，信念坚定却是需从心做起。

茶道精神等于做人的道德守则吗？茶道精神指发生在泡茶的时候所产生的信念，道德守则指的是生活中既有的做人道理。

任何人都可以将任何茶道精神学会吗？茶道精神不是“学习”，而是“献祭”。是先有某种精神特质倾向的人，他们泡茶、喝茶达至一种深度，慢慢地，一点一滴地累积，最后才出现此种特质的茶道精神。为了他们所信仰的茶道精神，他们会用自己的身体去做，用一生去做。

（许玉莲）

陪茶在壶内浸泡

让品茗者欣赏完茶的外观，泡茶师站起身来，将茶叶置入壶内，提水壶，冲热水入壶，盖上壶盖，按下计时器。泡茶师停止了一切动作，把心放入壶内，站立着，陪茶在热水中浸泡。其他品茗者看到泡茶师的这个动作，也都聚精会神地看着茶壶。30秒过去了，泡茶师依然站立着不动，30秒又过去了，泡茶师依然站立着不动，过了一会儿，泡茶师才低下头来看了计时器一眼，接着提起茶壶将茶汤倒入茶盅内。其他品茗者想着自己的疑问，为什么要浸泡那么久？茶汤将是什么样子？泡茶师很认真地泡茶。

泡茶师为什么要站立着泡茶？或许因为椅子不够高，或许他认为站着更能强调他陪茶在壶内浸泡的行为。

茶叶从茶树上被摘下来，制茶师进一步把它制成了茶，现在泡茶师又将它放入壶内，用热水浸泡着，茶叶正酝酿着另一次怎样的生命周期呢？在茶树上的阶段，我们称它为鲜叶；经过茶叶制造程序，变成了可以泡来饮用的茶干或茶粉，我们称它为茶；饮用时，泡茶的人用水浸泡它，让它融入水中，我们称它为茶汤。“鲜叶”要经过多年的生长与所需的资源，“茶”要依赖人与自然条件被创作出来，“茶汤”要在壶内或碗内被水浸泡或加以外力的击打（如抹茶）才得以诞生。茶汤的诞生，虽然仅说是被浸泡或击打，可这要水质、温度、器物材质、茶水比例、浸泡时间、打击力度、茶道修养等融合才得以成就。茶叶在壶内的浸泡，有如婴儿在母体的培育，泡茶的人与喝茶的人怎么能不屏息以待呢?

如果泡茶的人与喝茶的人不够用心，赏茶时只是形式地看一眼，泡茶者将热源关闭或打开，大家也没意识到他在调控一个最适当的温度，冲完水按下计时器也只以为在设定一个时间。浸泡期间，泡茶者若也开始将温盅的水到入一个个杯中烫杯、拿起茶巾擦拭桌面的水滴，品茗者更是认定这是茶叶浸泡时的空闲时段，于是开始聊起天、玩起手机、拍起照来，甚至连同泡茶者也高谈阔论起茶与一些八卦消息。等到浸泡所需的时间到了，泡茶者将茶汤倒入茶盅、将烫杯的水倒掉、将茶分倒入杯，品茗者则继续聊天玩手机，等着泡茶的人将茶送到自己的面前。

这个场景不是讲究泡茶与喝茶的人乐意见到的，因为他们不容易在这种状况下喝到好茶，更不用说是享用茶道艺术之美了。有人或许要说，不管大家玩得多嘈杂，欣不欣赏我的泡茶，我依然可以把茶泡好，端给他们喝，他们聊完天就会喝我的茶的，我不在乎是仆人泡茶还是艺术家从事茶道作品的创作。抛开整体表现的美感不说，不够专心泡茶，一面忙东忙西，只等时间一到把茶倒出，是不可能把茶汤当作是一件作品那么精致地呈现的，说是把茶泡好了，只是粗略地分成好与坏而已。

泡茶师与品茗者不说话，专心陪茶在壶内浸泡的时间不要超过两分钟（约已泡了四道），这期间只能有少许的动作如关闭或打开热源，若超过了两分钟，可以再做些备杯的动作，也可以说说为什么要浸泡那么久或这壶茶各道茶汤浸泡时间的曲线，但都不要发展成教学的长篇大论或闲聊。

陪茶在壶内浸泡，泡茶、品茶期间不闲聊，都不是教条，而是泡好茶喝好茶的所需，是将泡茶、奉茶、品茶融成一件茶道艺术作品的所需。陪茶在壶内浸泡，不只提高了泡茶的专注度，也提高了茶作为一件作品被欣赏的事实认定。

（蔡荣章）

爱茶、享茶比知茶重要

十二位有志于茶叶创业的年轻人，在高校进行一年学习的特约班举办了一次茶会。这次茶会设了九个茶席，由十二位同学中的九位担任泡茶，其他三位负责行政工作。

茶会的主题在介绍九种茶，每个茶席泡一种。就茶会的特质而言，如果是专心品赏“茶汤作品”的茶会，是要求不讲话的，无论泡茶者还是品茗者都要专心于泡茶、奉茶以及喝茶，要求要把“泡茶、奉茶、喝茶”当作是一件艺术作品，泡茶者在呈现，品茗者在品赏，泡茶者不要给予太多的解说，品茗者也不要有太多的交谈。但是这一次茶会不是专心品赏“茶汤作品”，而是在介绍九种茶的茶会，所以同学们安排在泡完四道茶后开始介绍自己所冲泡的茶。

就茶的欣赏上，泡完四道茶后才开始解说，是比一面泡茶、一面讲解、一面讨论要好，但还是会引导大家往“这是什么茶？”“生长在哪里？”“价格如何？”等方面去想，这时喝茶会变得只是为了求得这些答案。这样的喝茶不是纯粹欣赏茶汤，不是直接切入茶的本身去品赏。有什么不好吗？你会问：知道了是什么茶，生长在哪里，多少价位，不是更容易品赏吗？不是的，这时不是以“探索”的方式来欣赏茶，不是“直接切入茶的本身”去品赏，而只是在赞同已知的资讯而已。例如我爱死了一幅画，但是一点相关的资料都没有，谁画的？画的名称是什么？值多少钱？一点都不知道，这就是直接切入画的本身去欣赏，是以探索的方式来欣赏。这样的欣赏画比起知道了这幅画是梵高画的、画的名称叫“自画像”、市场的价格一亿元，然后才欣赏起来、赞叹不已，当然是前者的享受程度高，而且一定是懂得画的人。

喝茶普及化以后，茶叶将走上专业拼配的方向，特意强调单一品种、单一山头将变得不实际。普及化以后的“茶名”，也只是这款茶的代称而已，不具太多的意义，而且都是泛泛大类别的称呼。比如，只知道现在喝的是闽红或云南普洱，精细描述的名称如“野生白茶”对品饮者的重要性会逐渐降低。产地也会变得不明确，价格亦如此，这边一千元买的可能是那一边两千元的茶，所有对这一款茶的描述可能在下一批茶都派不上用场。这时只有泡茶者与品茗者具备直接欣赏茶叶的能力，才能不受茶叶名称、产地、价格的限制。培养消费者对茶的品赏能力，才是让茶叶持续发展的方法。

茶会的举办有各种不同的目的，如：要教导大家懂得茶、懂得如何泡茶、要推销某款茶叶、要好好欣赏一壶茶。为了前两种目的，茶会是要说话的，尽量讲解与讨论，后面欣赏性的茶会，就要让品茗者有足够的时间去体会与享用。现在我们参加的茶会大多是讲话很多的茶会，静静喝茶的茶会不多。为什么呢？不能完全解释为大家不懂得茶或不懂得泡茶，所以要大事宣导，而是大家怕被别人说是不懂茶、不懂泡茶，所以忙着“告知”与“求知”而忘掉了最重要的“享用”。大家懂得如何享用茶才是茶产业与茶文化发展的道路，我们不要把喝茶“知识化”了，懂得很多茶的知识，却不爱茶、不懂得享用茶。我曾细细观察，发现常喝茶的人、被称为“茶人”，并不见得很享受喝茶，而是以被称赞为懂得茶、懂得泡茶而自豪。当一位消费者只羡慕茶界的人谈茶文化谈得口沫横飞，但是自己却不觉得茶有什么好喝，茶文化与茶产业是很难发展的。

（蔡荣章）

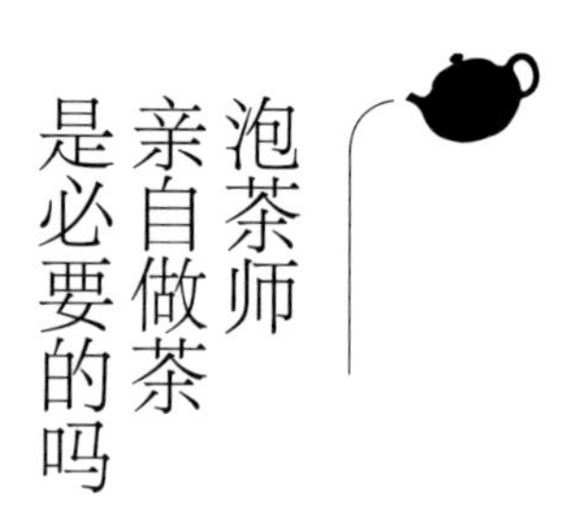

泡茶师亲自做茶是必要的吗

茶道可以不包括亲自做茶这一范畴，泡茶师有能力鉴别茶叶即可。因为采茶、制茶与茶道艺术是各有领域的，所以跨界不必太深入。就像钢琴师需要对制造钢琴的木材料有足够了解再选择，但不必跑到深林里学种树和砍木头。寿司师傅懂得各种鱼类的长成环境及肉质是重要的，但不用天天出海捕鱼。木材与出海算是另一门学问了。

有人说，有泡茶师亲自上山去提水，自己用泥巴捏个茶荷什么的，回来茶席上用，大家不是也挺赞美的吗？但这与自己到山上去做茶是两回事了，拿根竹剥了，做一支勺、用泥土手拉一个茶碗、缝制一块布巾来包壶等，诸如此类手制的东西，只是茶道上饶有趣味的点缀，并不代表必须这样做才有茶道专业。自己亲手做了一些茶，或捏了几件茶器，只是取其纪念性的意义，并不是说茶道一定要这样子才行，不然就不是茶道。有崇拜这种行为及自我陶醉其中，认为很神气的，但这都与茶道内涵无关。偶尔自己做一个半个这样的手工，是茶道的一种玩味，不是做了一些就能够成为跨界艺术，不应夸耀才是。茶道界有客串做了些茶叶与器物，即使那样东西做得不怎么样，签上个大名就卖得贵贵的，那是市场操作。

大众认为“泡茶师必须亲自上山做茶才对”的这种想法，是茶道中人需要检讨的地方，茶道艺术的学术体系还未被认同与建立，至今很多人还把茶当作“只求有得喝”的东西，若在泡茶技术上多要求一点，他们就觉得“喝茶为何要喝得那么辛苦”。这是把茶道看得过轻，不愿意在技术上进步。也有把茶道只当作是嘴巴上“说说做人道理”的事情而已，这是把茶道看错了。要是连茶人也不懂自己在干什么，旁人当然觉得茶道没有什么了不起，没有什么好学的。但反观制茶界，已经将制茶技术的体系构造得很成熟，去学制茶就变得是理所当然的事。

尤其对于一些新人或外行人来说，到茶山去，制茶的技术比较容易看得到和摸得到，比较可以感受到整个工业的运营氛围，况且大学、研究所里有一大群的博士、教授在研究农植法、茶树品种、化验茶叶成分等，让大家觉得制茶很有学问。故此，茶道学说应该也要这样做才行，一旦茶道的学科也这样齐备，大家学茶道本身的事情都来不及了，哪里得空去上山制茶?

有人说，研究茶道的也该去认识各类茶叶的山头、品种、生态与制茶技术。对，这些都必须去体验和见识，但真正来说，“制茶专业”对茶道并不是最重要，反过来亦如此，制茶专家未必需精通茶道艺术。茶道界别老是要钻进别人的领域，也不应该用自己不熟悉的领域来吓唬自己，或到其他领域拾人牙慧。难道茶道界不懂茶就可以把茶泡好，展现茶道艺术了吗？茶道工作者要促进泡茶技术，进而欣赏茶、享用茶，当然必须要了解做茶原理，了解茶的色香味是怎么来的，这需要知识、体验与见识，但不必亲自上山做农夫。茶道的学问在于茶道精神的构建、提炼茶道艺术与茶道内涵的精华，提升茶道作品创作的技术。茶道有茶道自己应该要修炼的功夫。

（许玉莲）

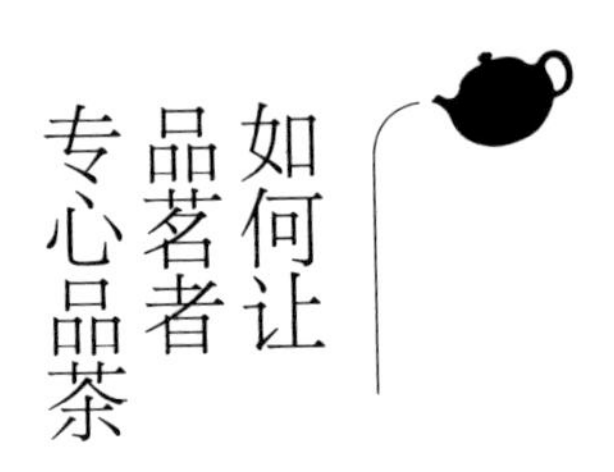

如何让品茗者专心品茶

茶汤作品欣赏会的举办，要安排一个专门的地方来品茗（包括泡茶、奉茶、喝茶），就和听演奏、欣赏画作一样是一种艺术爱好。品茗会中的“茶”成分含量高达百分之百，就是为了“茶”而来，故此人们都会为了“茶”而努力，除了茶席、茶具、茶叶、水、茶法等直接影响茶的事物要完善以外，细节甚至包括不要有多余器物、手势、色彩、气味、声响的干扰，以便专心一致品茗。

这和为庆祝开幕、公司为庆祝佳节、茶界为了推广茶叶商品上市以及大家到林园赏梅花、庆祝好天气的“茶会”是不一样的。后者中的“茶”含量相对弱，人们举办和出席这类茶会，另有社交、露脸、广宣、给面子、谈生意经、认识新朋友、叙旧聊天等其他目的，茶并不是人们在乎的对象，完成交际和交流才是相对重要的事。

也有另一种“茶会”，以茶为媒介，但重点放在空间的“装置艺术”以及在这空间里的“人结合其他艺术的演出”，那与我们要说的茶汤作品欣赏会里的“茶”成分并不一样。这些泡茶者以为，要吸引品茗者的注意力，须将珍贵的茶器都摆上茶席吸睛。披一身“戏服”，如将军袍、皇妃袍，来震慑现场，把泡茶动作做得夸张豪华，再加一段感人的故事情节。若然这样，就属于茶艺表演了，并不算“茶汤欣赏”。

泡茶师举办茶汤作品欣赏会时，要如何纠正一些被误导的习惯，让大家正视“专心品茶”呢？不能把品茗会想要达到的目的变成一套书面规则，比如“勿喧闹聊天”“尊重泡茶师”等，期待张贴字条就可达到预期效果，也不是拿着麦克风一直指令“安静”“专心”，茶友就可以安下心来品茗的。这些流于表面的、浮躁的举动，会让品茗者更骚动。

预先邀约品茗者出席是必要的，让他们知道这场品茗会是什么形式、所需时间等资讯，以便品茗者充分安排自己当天的约会行程，安排好一些事务，才放松心情参加品茗会。开始和结束要守时，人们的生活才不会因为品茗而被耽误，也就无须那么紧张兮兮的了。泡茶师要锻炼规划的能力，笃定地把整个过程按部就班地呈现，不要把“泡茶”看得太随便，把社交看得太重，泡茶师要训练“不对的时间不泡茶”的坚持。

品茗空间可大可小、可以在户外或室内，重点并不是那处地方有多美的风景或布置。泡茶师要做的是付出真心，要学习各方面的艺术、美术、科学等知识，这样才有办法辨别其中的美与内涵，知道怎样爱惜手上的茶器、茶叶。不止泡茶席上的事物，还包括泡茶师知道要怎样把头发梳理好、把手维持干净、把衣服穿好，提炼出自己的品位，泡茶师要锻炼一丝不苟的精神，才会产生自信，安稳地泡茶。

泡茶师了解茶、物、人要够深刻，够柔软，知道要怎么做才能将茶汤作品创作出最好的面貌，并且将之做出来让人们用口鼻享用到。够深刻，泡茶手势才不会机械化，有些泡茶师动作虽熟练，但仍然觉得他刀斧味重，因为他眼神焦虑，肢体僵硬，那是生吞活剥的交差。够柔软，泡茶师才不会时刻带着审判之心泡茶，泡茶师不但了解、并很容易就可以说出每个茶的特性，并很轻易就泡得很好喝，他享受和茶融为一体，也享受泡茶给别人喝。如有这样的泡茶师，往茶席旁轻轻一站，所有的人都会静下来，安心、专心地等茶喝。

（许玉莲）

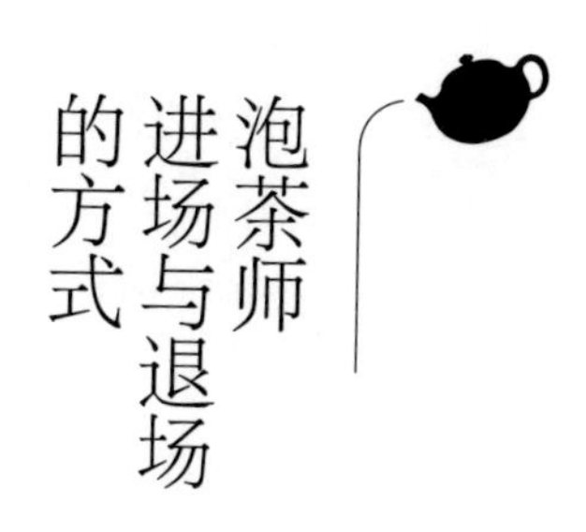

泡茶师进场与退场的方式

茶道艺术家进行茶汤作品发表时要知道，茶汤作为一件艺术品，大前提是必须有人将之品饮，所以作品完成会有许多品茗者参与。如何让人们理解茶道艺术家在进行着什么？如何让品茗者乐于听从整个茶汤作品创作程序旋律并追随？如何让品茗者加入并成为茶道艺术一分子？茶道艺术家有责任引领，并且要将从A地（现实生活）到B地（通过茶汤作品创造的新境地）的“手续”说清楚。

泡茶师要勇于表明立场，所谓立场，即针对将要冲泡之茶叶有充分了解，知道要怎么冲泡，怎么品赏它，才能将其本质表现得一百分，为了要将这美丽茶汤精炼出来给大家享用，整个茶会一切有形和无形的法、时间、人物都得听他调度。如此，泡茶才能升华成茶汤作品，泡茶师才能升华至茶道艺术家。

茶道艺术家掌席、泡茶，呈献茶汤作品的品茗会，首先要安排进场与退场规程。茶会开始前把茶席设置完毕，让泡茶师等在席上，至每一位客人都入座了才开始泡茶，不是好办法，那是负责带位、公关、寒暄的工作。一般做法是，在泡茶前将茶席整装完毕后就躲起来，直至茶会开始，泡茶师一入席即开始泡茶，这样有点生硬，与物与人的感情还没投入，像工作似的。

泡茶师进场，不是说把进场仪式包装得有声有色，有音乐伴奏的样子就够了，也不是拿着一盘漂亮的花、提着一盏古董灯笼，风姿绰约地走入茶席就完了，这些动作与茶无关，对品茶一点帮助都没有。

泡茶师要怎么进场呢？泡茶环境打扫、布置好后，摆上泡茶桌、椅子、储柜、屏风等（如需要），泡茶桌如要桌巾可预先铺上，设置至此先告一段落，等品茗者入座。茶会时间到了，泡茶师拿着自己的茶具进场，可作如是安排：主茶器如壶、茶海、杯子收入一托盘或篮子，另一盘置辅茶器如茶匙、杯托、茶巾等，最后一套是煮水器，如煮水器有点笨重或移动不便，可省略进场，预先摆入泡茶席。

茶器收纳要有一定上下或里外的次序，根据摆放的前后次序决定它位置，如壶垫要放在最外面，接着才是茶壶，以此类推，这样从篮子把茶器取出时就不会乱，第一步从最外面取出壶垫，放在茶席，第二步取出茶壶，置放壶垫上，壶若有布袋包裹，小心打开，取出后，把布袋折叠整齐，收回篮子里。主茶器布置完毕，收下篮子，将辅茶器一件一件取出，置放茶席上，摆在最远位置的茶具要先从托盘中取出，依序从远至近，放好了就收下托盘，最后备水煮水。这样一步一步进入泡茶状态，牵动着品茗者的心，慢慢专注在茶道上，那才叫美呢。

退场要怎么做？品茗到最后，清水也喝了，茶渣也看了，将器具做初步清理，取出装主茶器的篮子，依先出后进的顺序，把壶、茶海、茶杯等一一收进去，接着将辅茶器也一一收进托盘，站起来，把刚才自己带出来的茶器收进去后台，先捧起辅茶器之托盘离席，过了一会儿，再出来将主茶器的篮子带走，最后再一次出茶席来，与大家相看一眼，点头告别结束。有这样子一丝不苟的前后呼应，有这样子对茶、对人的依依不舍，那才叫好呢。

为什么要说这些？因为泡茶师如缺乏定力与气魄罩住茶席上的茶、器物、人与时间，全场气流便不会跟着他的节奏走，主要人物荒腔走板，没能引导品茗者进入应该有的旋律，喝茶者看不出茶汤创作的需要，也就没办法配合，其茶汤作品遭漠视，便是理所当然的事。

（许玉莲）

我泡茶时不说话

我泡茶时不说话，是没时间说话，是无法分心说话。泡茶、奉茶、喝茶过程要顾及的除了测量水温、称茶叶、按计时器——这几项技术在学习时需要用仪器协助，做熟了之后则是心神与生活体验的结合运用。比如嗅闻就得闻出所谓的香与臭以及其他一些化学刺激的气息，眼看时要分辨各种形态、颜色、外貌、大小、轻重和方向，耳要听懂高低、长短的声音，触感中的冷热、软硬、粗滑和痛痒不能含糊蒙过去，舌头须辨别层次不一的甜、酸、苦、辣、咸、鲜、无味、淡味和不正常味的不同味道。如此识别了环境、气候，了解各人行为，观察各人性情之后，我终于可判断每一个泡茶步骤应如何退进。分分秒秒都有如此多的讯息在过滤，在呼吸与节奏的不断调整中，我凝视着正发生的一切，尝试找出此时此地最好的做法，要及时做出每一道都一样好喝的茶汤，而且掌席的样子不要很狼狈，手势要很稳定，如此把全副心意放在席上、茶上的泡茶者，哪里还有时间陪品茗者一边聊天一边泡茶？或陪品茗者一边讨论一边泡茶呢？是故泡茶时不说话。

泡茶、喝茶时的不说话，不能是一声令下成为一个“禁止言语”

的规定后才来做的一件事情，它是生活里面一桩待人接物的习惯，从家庭教育做起的，比如姐姐在厨房专心做蛋糕饼干或丈夫聚精会神在驾驶汽车时，我们会体谅，并给时间与空间让他们安心完成，不会一直去干扰，要与他们聊天的；有了这一层认知，当碰到其他专业职人工作如泡茶师泡茶、琴师抚琴或画家写生，就会理解到当对方投入心思做一件事情需花精神与时间，应给予尊重，心甘情愿地静静陪着他们操作而不去聒噪，以免他们分了心。这一份尊重他人的态度内化成自然习惯后，往往就有一股底蕴，逐渐培养出欣赏事物与他人的能力，到那时我们是不需要太多花哨言语的，只需专注、用心地感受。相反的，如果茶会上总是挂着“禁语”的规定，则是强迫大家封口而已，并无精进之意义。

有人说：“我喝不懂那个茶，我不明白为何如此泡茶，问问不可以吗？”对的，人人有权利为自己增长知识，那就必须为自己负责到底，理应正式安排课程进修时间、平常多看看书、找找资料、努力练习及修正泡茶法，并不是在任何时候看到泡茶者就发问，而忽略了对方的不方便。办茶会泡茶不是上课讲课，泡茶者无须一直讲授知识——大家不会一直缠着正在跳舞的人问他是怎么跳的吧。

为使大家参加茶会不要只顾着说话，我们在入场券售出时就提醒：“泡茶过程中请避免闲聊，希望大家关注茶汤及过程。”用鼓励的语气请大家安安静静喝茶，期许如此能够让大家醒悟，从内心产生一股动力来参与鉴赏，而不是依赖一项“禁止说话”的规定告示来让人们顺从权威而已。

很多人以为只有品茗者会在泡茶过程中喧哗，不是的，也有泡茶者掌席时若不说话便会手足无措，魂不守舍。为什么呢，因为泡茶者欠缺自信，因他泡茶只记得几个步骤，徒有其形罢了，底气不够却让全部人盯着看，是非常难堪的，故拼命找话题说，以掩饰窘境。一位真正的泡茶者从不首先带动讲话，因为他要储备能量呈献茶道作品。他捧着一款好茶，觉得很意气风发，整个茶席就会漂亮得发亮；他把一身功夫投入在茶上，大家受到感染则被牵动与感动，到时大家都忘记了讲不讲话这回事。泡茶者要摒弃语言，用泡茶的威仪与风度，使人对茶道生出追随之心。

（许玉莲）

泡茶者的孤独一生

想成为泡茶者（或称泡茶师、茶道艺术家）的人，先了解泡茶（包括泡茶、奉茶、喝茶整个过程）工作的真实面貌后，再决定要不要当泡茶者也还不迟。首先，现在信息的传播非常多而且快，什么地方有优质的原料，或哪一位手上有好的茶与茶器，何处有适合泡茶的水，什么泡茶方法值得参考，很快大家都会知道，只要愿意花点钱，大多不难获得，虽然不算是“要多少有多少”，但总能找到一些，那些找不到或买不起的，也不必太放在心上，因为就算用了最名贵的茶和泡茶器，也不能确保一定得出好茶汤。茶的特质、品茗者的欣赏角度与价格要求不同，以致泡茶者需对当时的条件做出整合，泡出人人都觉得心满意足的茶汤，才是每一次泡茶工作的完成。换句话说，今有些人天天领着一班学生到茶山源头学制茶，而荒废泡茶，那是导游，不是泡茶者。专门强调他泡的茶是多少钱或多少年的，那应该是奢侈者才对。

我不认为只有使用高级材料的才是一位好泡茶者，或经常现身茶或茶器原料源头搞体验的泡茶者就一定会泡茶。当然，水、茶、器的品质是否优越，对茶汤表现有决定性的影响，但泡茶者是否有本领掌握泡茶技术如：茶水比例、水温与浸泡时间却是绝对可分出胜败的关键。泡茶者对各种材料要认识和熟悉，却没有天天到茶山种茶、采茶、制茶的必要，比如茶树品种可分为大叶种、中叶种与小叶种，在冲泡使用大叶种原料制成的茶叶，香味上是会显得较为强劲的，在相同条件之下泡茶，茶量可放少一些，如茶叶一样多，则浸泡时间应缩短。还有，同一个山头的茶，向阳的山坡生长的茶会比背阳者香气的含量与强度要佳，因为昼夜温差大者有利于香味物质的形成，那么，泡茶者在拿到茶叶阅读它时，需在极短时间内就判断好何者向阳何者背阴，应如何调整属于香气高的茶之泡法。同样，制作器具的泥矿开采，可交给矿业的专业人士，水源也有相关的工程与管理，泡茶者不必天天到现场监督，泡茶者在拿到水或器后，要懂得判断与改善水质的方法、茶器质地与茶汤的关系、不同质地如何影响传热与散热的速度、又如何影响了水温高低、又如何决定茶叶浸泡时间的长短，这已经跟材料是否正统、是否名贵罕有无关。茶汤的不同，唯一的差别只剩下冲泡技术，再了不起的茶，也有人泡得好，有人泡坏了。

因此，泡茶者的工作是长期在泡茶席上孤独度过的，无论有无人喝茶、多少个人喝茶，泡茶者必须将“把热水倒进去再倒出来”的泡茶、喝茶过程练习到体能可负担的地步，即学会了“技术”，像学会用钢琴弹音符，学会瑜伽“拜日式”一整组十二个动作，之后进入讲究深度、速度、柔软与精准的阶段。泡茶前，满脑袋其实都已经估算好所有的时间，达每一个步骤都不允许产生失误的地步的，它看似简单，因所需的程序并不复杂，无非来回数次把一种液体在不同的时间转移去不同的空间，但练一次与练一百次是肯定不一样的，它的不一样之处，是让肉体自然反应去完成所有泡茶动作，甚至到可以洞悉、分辨出一克与二克茶叶的轻重，一秒与半秒之间的差距。不管泡茶者泡了二年、十年、三十年的茶，泡茶的程序仍然是置茶、倒水、出汤、奉茶、喝茶，并没有另外别的什么技术。泡茶者终其一生，是要孤独地坐在自己位置上泡茶的。

（许玉莲）

谁来关心茶道艺术

解渴喝杯茶，或是赶时髦泡茶喝，这样的茶事，一般人与农业、商业部门都会关心，关心农药与重金属的残留、关心包装上的标示与内容物是否一致，但没有人会管你怎么泡、泡得好不好。如果喝茶变成了艺术项目，茶叶就与泡茶、奉茶、品茶绑在一起，这时候茶是怎么泡、泡得好不好，就变得非常重要，不只是爱好喝茶艺术的人会关心，文化管理部门也会探头看一看。

到了21世纪头十几年，除抹茶道受到茶道界与文化部门的关注外，其他的艺术界人士关心喝茶艺术的人不多，文化管理部门也没有将喝茶艺术纳入管理的范畴。有人针对这一点说：要先调查艺术界承不承认喝茶是门艺术。但我有不同的看法：先不管别人怎么看，把自己的喝茶艺术显现出来，不管是在自己的生活中，或是举办活动演示给大家看。如果爱好喝茶艺术的人都弄不清楚喝茶的艺术在哪里，或是显现的艺术性太过浅薄，那就难怪别人不承认喝茶是门艺术。如果掌有茶文化话语权的人弄不清楚喝茶的艺术，有人提到喝茶艺术就被他们驳斥为喊高调、钻牛角尖，那就更阻碍了喝茶艺术被人高度享用的机会。

说喝茶艺术也好、说茶道艺术也好，与音乐、绘画一样，当他们越靠近纯艺术的时候，就越属于小众的生活内容，但是它必须与普及性高的喝茶、音乐、绘画等同时成长，这样人们的文明状况才健康。如果要等普及性喝茶、音乐、绘画发展后才发展艺术性的喝茶、音乐、绘画，是看不到普及性艺术独立稳健地在基层发展的。茶文化界有“喝茶艺术尚言之过早”的声音，也听过老师级的茶友这么感慨：茶道艺术轮不到我说话。但是左看右看，除了说这些话的人外，并没有上一层的人可以做这方面的发言。如此说来，只好由爱好喝茶艺术的人高声喊叫：“喝茶艺术就在山顶，大家赶快往上爬！”

建立茶道艺术的关键不是享用人数的多寡，也不是普及性与艺术性执重的问题，爱好喝茶艺术的人要对自己有信心，不要急于参考别人的做法，也不要太在意别人怎么看。喝茶艺术在抹茶道已独立表现出泡茶、奉茶、喝茶的美感与艺术性，其他可供参考的不多。将自己泡茶、喝茶形成的图像与精神面貌表现在生活中、公开演示出来，要有重复“再创作”的能力，不能只是随机的行为，这次做了，下次能否重复表现不得而知，这其中就包括了精准的技术与艺术的拿捏。如此做了，这里一朵花，那里一朵花，自然显现出喝茶艺术的存在与面貌。

不要因为找不到古人以泡茶、奉茶、喝茶为主题的艺术作品，而不敢独自做主地说是可以在现在的生活中有茶道艺术。古人有许多只是“享用茶”的茶诗、茶画，但把泡茶、奉茶与喝茶融在一起形成的文学与绘画作品不多。但今日有现代人的生活与艺术创作的方式，将泡茶、奉茶、喝茶作为一项艺术来呈现并无不可。

普及性茶道与艺术性茶道在人们生活上各占据有重要地位，但本质与内容是不一样的，享用者在两者之间的交替性也不强，但两者同步，呈金字塔形的发展，是茶文化体质良好的现象。

（蔡荣章）

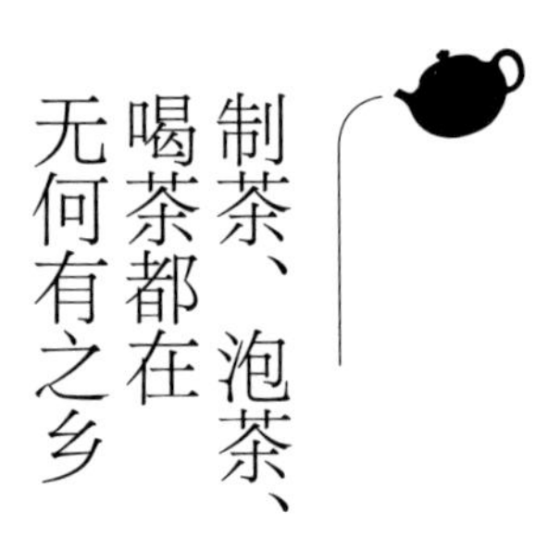

制茶、泡茶、喝茶都在无何有之乡

无何有之乡是说这世间本无可以阻挠你的事物，是可以自由发展的。延伸到制茶、泡茶、喝茶，亦要在无何有的情况下，让茶从第一个生命周期的茶青，自由过渡到第二生命周期的茶叶，又经冲泡，自由过渡到第三生命周期的茶汤，又经被饮用，自由过渡到第四生命周期的叶底。

把鲜叶摊放在室内或室外，就这样放着，它就会变成各种不同发酵程度的茶，不需要添加任何的东西。适当时间给予一些搅拌，最后给予杀青、揉捻、干燥，就变成我们可以拿来泡饮的茶叶了。没有外加的东西，只要空气、温度、时间、与空气中的水分，搅拌它的手、揉捻它的机器、干燥它的热能都要干净。这个制茶环境真可谓是“无何有之乡”。

泡茶的时候，浸泡茶叶的壶、盛装茶汤的盅、饮用茶汤的杯，都要洗干净，而且不会有任何物质从器物中释出。泡茶的水矿物质含量要低，也不要有任何气味掺在水中。泡茶时，给茶一个完全没有干扰的空间，让茶释放自己、形成自己的茶汤生命。所以泡茶也是在无何有之乡进行的。

喝茶，需要空气新鲜，无嘈杂的声响、音乐或人群，个人的精神状态良好，不是刚吃过强烈味道的食物，对绿茶红茶等不同类型的茶不存好恶之心。在这样无干扰的环境之下，才容易认识、欣赏、享受茶汤之美。所以喝茶也是要在无何有之乡进行。

如果我们将泡茶、喝茶扩大到群体的生活：我们泡茶时不要受到每个人所用茶器种类的限制，不要受流派与地域习俗的限制，因而怀疑起自己所用的茶器、所用的方法，只是专心地使用着自己选定的茶具，精心地把茶泡好。我们奉茶给谁喝，已无尊卑与好恶之心，请人喝茶时已无求报偿之心，喝茶时，对各类茶都可以用超然的心情来欣赏它们。茶会进行时也可以掌握好各项进度与速度。这是茶道生活的无何有之乡，悠游于茶道的理想国。我们说茶道的精神无流派与地域之分、对茶无好恶之心、对人无尊卑之分、泡茶怀求精进之心、奉茶无报偿之心、自行掌控茶会的程序、享受茶汤与茶会进行的美感。这些似乎是对茶会的诸多要求，事实上是泡茶奉茶喝茶上扫除障碍的方法，让人们悠游于茶道的理想国。

“无何有之乡”出自《庄子·逍遥游》，是说到我们所处世界的“无”，既无永远存在的事物，也无改变自然现象的绝对力量。无何有之乡说的是常态，也是一处美丽的地方。想到我们泡茶、奉茶、喝茶的茶道世界，也是一个无何有之乡，只有无何有，才容易将茶制好、将茶泡好、将茶喝好、将茶道表现得尽兴、将茶道享用得富有情趣。

制茶时为迎合不深刻了解茶性的消费者，因为他们喜欢香与甘而调以香精与甘料。泡茶时为求降低茶的苦涩，使用了能释出某些成分以降低苦涩的壶或杯。喝茶时强调此茶出自何处或何人之手、市价如何昂贵，搅乱了品评的客观性。奉茶时为了奉承某人、为了得到回报、为了炫耀茶价、为了偏爱哪款茶，让茶喝得不自在、喝得不知味。都不是无何有之乡的境界。

无何有之乡是客观的存在，制茶、泡茶、喝茶是无须任何外加的东西；无何有之乡也是主观的认知，我们知道了茶道要那么单纯才能得到完善表现，就不会想要加入其他非茶的元素，造成茶道的障碍。

（蔡荣章）

泡茶、识茶

赏茶的态度养成

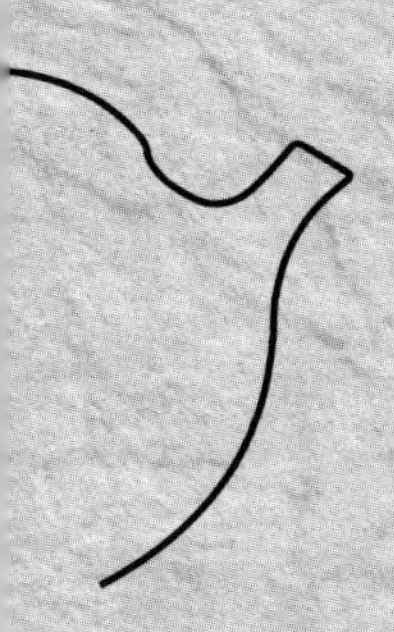

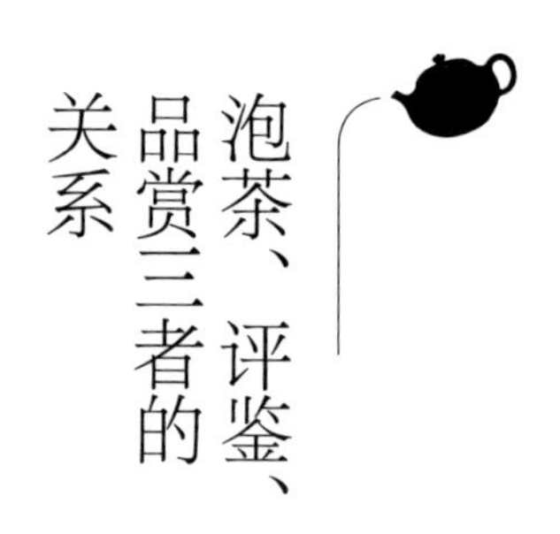

泡茶、评鉴、品赏三者的关系

懂得茶道艺术的人，要有把茶道艺术的组合元素：泡茶、奉茶、品茶，表现出来的能力，而这个能力的获得必起自把茶泡好，还要深刻了解如何欣赏茶叶、茶汤、叶底的美与艺术性。

“了解欣赏茶的美与艺术性”是与“把茶泡好”相挂钩的，不知道茶的美与艺术性在哪里，如何掌握泡好茶的要领？进一步还可以说，懂得多少茶的美与艺术性，只能将茶泡到那个程度的美与那个程度的艺术性。因为泡茶者要知道茶的哪一项美与艺术性是由什么制茶手段、什么泡茶要领得来，才有办法去找到那样的茶，才有办法获得包含水、温度、茶器、泡法在内的泡茶方法，才有办法呈现给品茗者。

品茗者只要有欣赏过某种茶之美与艺术内涵的确切经验，就可以欣赏或期待享受那样的美与艺术内涵，但泡茶者，就必须在充分体会那种美与艺术内涵后，还要找出表现它的方法，还要熟练、有把握一次再一次地呈现出来。

上述所说的茶之美与艺术性就是茶叶品赏与评鉴的内容。品赏是从品饮的角度说的，评鉴是从评茶的角度说的，其的实质内容没有什么不同，从事的同样是泡茶与喝茶，只是态度上不一样。品赏较重欣赏、享用，美学的观念使用得比较多，评鉴较重批评与比较，科技性的观念使用得比较多。至于茶之美与艺术性，品、评所针对的项目，都是茶叶与茶汤的色、香、味、形、性。品赏较重整体性与每泡茶、每泡茶汤的个性，而评鉴较重色、香、味、形、性的分析与跟其他茶样的比较。

前文为什么强调“每泡茶、每泡茶汤”的个性?“每泡茶”容易理解，因为即使同样一包茶，每次取来冲泡的茶叶也会有或多或少的差异。至于“每泡茶汤”就精细多了，因为每泡的水温、浸泡时间与已被冲泡的道数，都影响着茶汤品质，如果同一泡的茶汤盛放在不同的杯子内，还会受到不同杯形与材质的影响，导致喝到的茶汤个性显得不一样。

茶道艺术家要储备评鉴与品赏的能力，彼此间还包括了不同水质对茶汤的影响、不同水温对茶汤的影响、不同浸泡器对茶汤的影响、不同杯子对茶汤的影响、不同茶水比例对茶汤的影响、不同浸泡时间对茶汤的影响等，做这些比较时，各种状况下的茶汤都要泡到当时的最佳状况。例如比较不同水质，用A水泡到最佳的茶汤状态，B水也要泡到最佳的茶汤状态，这样才能确定茶汤的差异是水质造成的。比较不同浸泡时间，二十秒即倒出的茶汤要泡到最佳的状态，一分钟倒出的茶汤也要泡到最佳的状况，三分钟倒出的茶汤也要泡到最佳的状况，这样才能确定茶汤的差异是因为浸泡的时间造成的（当然要调整茶量，但水温等其他因素不能改变）。

评鉴是品赏的基础，评鉴的能力越好，更有条件品赏得越深入。泡茶的人与品茗者都不能以自己的好恶、市场的价位、流行的风潮来评判茶叶与茶汤的品质，而是以茶叶与茶汤的色、香、味、性为依据，再加以美学与艺术的诠释。

（蔡荣章）

赏茶的不二法门

直接就泡法、茶叶、茶汤、叶底来欣赏，不被茶名所困，这就是赏茶的不二法门。

今天用了四把同样是260ml的壶泡A茶，三把是瓷壶，一把是紫砂壶，用其中的一把瓷壶与唯一的紫砂壶泡茶，另两把瓷壶当盅。还要二个与瓷壶同样质地的杯子（80ml）。这瓷壶、紫砂壶与杯子是我目前可以将茶汤表现得最好的壶与杯。用同样大小的瓷壶与紫砂壶泡同一罐茶，是要看看泡出的茶汤有何不同的效果，而且两把壶都要泡出当时最好的茶汤。因为，如果泡茶的人无法泡出每把壶当时最佳状况的茶汤，接下来对两款壶或两款壶所泡出茶汤所做的描述都不具太大的意义（例如有一把壶的茶被泡坏了）。

两把壶都只放了1/5壶的茶叶，放这么少的目的是让茶叶浸泡久一点，茶内的各种“水可溶物”都有足够的时间释出，这样比较容易从茶汤喝出该茶叶的本质。

用了一个计时器，瓷壶先冲水，一分钟后再冲紫砂壶，2分钟后倒出瓷壶的茶汤，3分钟后倒出紫砂壶的茶汤（都是浸泡了2分钟）。先冲瓷壶后冲紫砂壶的目的是让茶汤的温度几乎没有落差。所使用的水是

“矿物质总含量”为40ppm的软水，用铁壶加热到100℃。

干茶呈轻揉捻的条状，条索并未压紧，但颇为厚实，是经过剪切、筛分等处理的散状精制茶，条索长度在1cm左右，相当匀整。外观呈雾面的黑色，强光下显现红褐，表面有些粉白色的起霜（后发酵的现象）。

浸泡到预定的时间，两壶分别倒入两个盅内，倒干到每秒只滴一滴的程度。持盅，将茶汤分倒入杯，每杯八分满，茶汤的深度约2.5cm（这是鉴定汤色的标准深度）。两杯茶的汤色相当，皆呈暗褐色，光线较强时，可以看出褐中泛红。将茶汤泼洒一些在白瓷的“叶底盘”上，确定它的颜色是暗红（后发酵老茶的汤色）。茶汤鼓鼓地趴在叶底盘上，让人看到它内含物的高度稠感与十足的色彩饱和度（后发酵老茶的高品质特征）。

红色是90%以上发酵造成的汤色，但A茶在红色上带有粉色，不像红茶般的艳丽，让人想到深度后发酵、慢慢久放、慢慢陈化的效应。要达到这样的后发酵程度与茶汤的稠度，除了原料嫩采外，陈化的时间要在十五年以上。

没有温壶，没有温盅，也没有烫杯，倒茶入杯，待适当热度后闻香。是谷香，瓷壶泡出来的是谷壳味重于谷仁味，紫砂壶泡出来的是谷仁味重于谷壳味，这时紫砂壶的香气较讨人喜欢。滋味也是紫砂壶泡出的较为醇厚。两杯茶汤有相近的稠度，米浆的口感与饱满的味觉，喝一喝好像把肚子都喝饱了。这种味觉在第二口、第三口，茶汤的温度稍降后更是明显。

第二道同样是用100℃的热水，浸泡了1分钟。这次两壶的浓度仍然差不多，但瓷壶的香气较好地显现了茶的谷仁香，然而紫砂壶的茶汤涩感较重，味觉上没有瓷壶那么清澈。

如果再泡一道，浸泡的时间就要延长到4分钟了，这是成分释出速度快的茶特有的泡法。茶汤喝起来的强度可以差不多，但香气、稠度、汤色的饱和度都大大不如从前。

将泡过的茶叶拨一些到叶底盘上，每片已被泡开的叶底显现了精制时的被剪切（不是鲜叶时的遭破损），叶片已无法完全平铺摊开（因久陈后的炭化）。移到光线较强的窗边，如同汤色，显现了黑色里的红光，深沉有韵。

茶道艺术是无法以文字呈现的，本文只是说明欣赏茶叶要直接就泡法、茶叶、茶汤、叶底来欣赏，不要管它是什么茶，不要以别人对茶叶的文字描述来取代对茶的直接感受。

（蔡荣章）

评茶与泡茶在企业的应用

茶叶审评工作用的是一次性泡茶法，各地按照既定习惯的茶水比例、出汤时间，对所有茶实施一个笼统的泡法。方法如下：从有代表性的茶样100~200克中，取3.0克茶叶，置入茶杯，注满沸水，加盖冲泡，接着滤出茶汤，留叶底于杯中，最后按外形、汤色、香气、滋味、叶底的顺序逐项审评，目的是为了对茶叶进行对标检查、对标定级，以及发酵、火力、香型，风味等对比检查。所谓对标，即茶叶品质标准自有地方上的有效机构或业界已经规范的最低生产标准，审评工作者需依照茶叶所呈现出来的特征一一将其形、色、香、味、底对号入座并打分，比如祁门工夫红茶外形的整碎程度，依特级、一级、二级、三级、四级应评为：匀整、匀齐、尚匀齐、匀、尚匀，如果碰到特别特别挺秀匀细的茶样，那就在基准外了，碰到特别特别粗糙又参差不齐的，当然也在基本级别之外。茶叶审评工作者就是要知道怎样的茶叶才是特级、一级茶，一支茶一支茶对样，才有助于企业提高采购效益，创造品位与品牌。

泡茶与品茶，多采用一次投茶多次泡饮法，就是大家熟悉并称为“小壶茶法”的，此法多用于赏茶，一道道细嚼慢咽，体会茶叶的外形、汤色、香气、滋味、叶底的质感美及它们到底是如何形成，同时感受茶汤带给身体的舒畅感和精神愉悦，给茶客试茶及茶客买回家就这样喝的。这时候的泡茶器质地千变万化容量可大可小，品茗者可能增加多名，通常每一支茶都会产生自己的茶水比例与浸泡时间，执行泡茶工作的人通过端详、嗅闻茶叶，辨识它采摘、加工过程中遭遇了什么，形成了一番怎么样的风味特征，因而判断出每一支茶应该如何冲泡才会将属于它的味道真正泡出来享用，有时候甚至可泡出比原来性价比更高的茶汤质感，把茶泡好，才能有助促进企业营销，带动茶产业发展。

目前这两项职业似是水火不容，有说审评茶叶时浸泡久久是看茶的真面目，让茶的好坏无可隐藏，说得一副大公无私、童叟无欺的样子。相反的说泡茶师泡茶是扬长避短，说得泡茶工作者好惭愧的样子，像是在耍一些虚假的手段骗人买茶而已。前者知道茶的品质级别，后者克服不利条件发挥优点，都是理性地讲求实效，都是对的。

评茶师具备审评能力，才敢为企业做领头羊去买好茶卖好茶；行销传播这一块要求好品质的茶叶供应，生产茶叶者才会做“好茶”；一旦企业卖的都是属于真正达标的“好茶”，泡茶师进行销售试茶以及给茶友培训泡茶时，才敢告诉消费者什么是好茶；如此销售、加工、享用构成良性循环，才有助于茶产业的发展。如能做到这地步，自然便不会出现茶叶审评与泡茶品茶谁比较科学谁比较欠理性的争论。

茶叶审评重在对样，泡茶品茶重在赏茶。小壶茶法在冲泡时所面临的挑战是，没有一套适用于每一支茶的冲泡方程式，并且每一支茶要有数道不同的浸泡时间，并且数道不同的茶汤质感必须保持在评分基准以内，大家一般习惯性期待滋味的超标表现；故此泡茶师必须知茶、懂茶，必要时捉出茶叶的缺点，才有助于制茶与泡茶。评茶师知道茶的缺点，应要求制茶时避之，泡茶时避之，为行业稳定及提高茶叶质量，也可改进加工或创新技术。其实我们期待业界工作者大胆成为“两师”：有能力评茶的泡茶师以及有泡茶能力的评茶师。

（许玉莲）

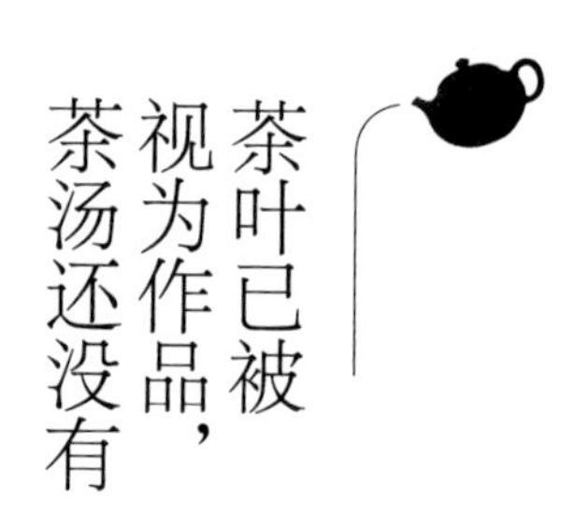

茶叶已被视为作品，茶汤还没有

这几天看了一段视频，描写一位制茶师陪同工人拿着翻土机将茶园的杂草翻入土里，同时混入预备好的堆肥，翻土机无法施工的地方，就用手或小耙子。采收进来的茶青放在大竹盘上晒太阳，太阳光转烈了，就移入遮有黑网的棚架内。茶青搬到室内后，他用双手捧着叶子，轻轻地抖动着，就像哄婴儿不要哭的那个样子。放在架子上的期间，想闻闻香气变得怎样了，轻轻地拉出一层层架子上的茶叶，就像挪动睡着婴儿的小床。接下来的炒青是在高温的滚筒内进行，制茶师伸手进去滚筒内抓了一把又一把的茶叶试探，感知着茶叶相互间的黏稠度，当他确定已到适当的杀青程度，将茶叶倒进揉捻机进行初揉。制茶师不放心全让机器代劳，后半段就用自己的双手，像面食师傅的揉面般、像陶艺师傅的揉泥般地揉着，他说："手的热度与力量会让茶叶变得好喝。"

制茶师这样地呵护着茶青，想让鲜叶变成他期待的茶叶，从茶树的成长、日光萎凋到室内萎凋的进行、杀青的火功、揉捻的力道，我们看出他在创作一件茶的作品。这样的创作与谱一首曲子、画一幅画是同样的态度，制茶师将茶叶视为是一件作品，是"师"字级制茶者应有的意志。茶叶不像橘子，采下来就是成品，也不像稻谷，割下来打下谷粒，晒干就是成品。这件被视为是一件作品的茶叶，其品质当然还受创作者的能力、创作时的天气以及茶树生长状况影响，这也与音乐的创作、绘画的创作受创作者能力左右一样，但“将茶叶视为一件作品”是我们要强调的，因为将茶叶视为是一件作品与仅将之视为是茶树的果实是不一样的。在茶道艺术的领域里，要将茶叶视为“作曲”，将茶汤视为“演奏”，前后两件都是“作品”。

但是在看到的视频中，在详细展示茶叶的创作后，接下来就是拿一只碗或一把壶泡茶，把茶叶放进去，用水一冲，捧着茶碗，或将茶汤倒入杯内，请客人喝茶。接着的画面是客人的赞美与赞叹声，好像茶叶直接进入口腔一样。事实上从茶叶要变成茶汤还要经过另一段的创作历程，这次的创作是由泡茶师为之，不论与制茶师是不是同一个人，但需要的功夫是不一样的。对制茶与泡茶公平看待的视频制作者，应该要在茶叶制作完成后，录下泡茶师处理水或挑选水的过程，记录泡茶师特意使用一个发热面发热平均的电炉，一再地观察水温的变化。将茶叶倒出，细细地观看着茶叶的颜色与明度、茶叶的老嫩与粗细、被揉捻的程度、陈化岁月的长短，泡茶师盘算着应放置的茶量、应使用的水温、第一道要浸泡的时间。他再次换了一把壶与杯子，“应该是要用那样的壶质与杯子才对吧”。当他冲完水、按下计时器后，他把心放在壶内，一直陪伴着茶叶，这时他好像意识到，应该比原先判断的要提早五秒钟倒出才对。这是茶汤的创作，制茶师将茶做好了，就像音乐家把曲子写好了，接下来是要把茶泡出茶汤，要把纸上的音符演奏或演唱成音乐。

有些由茶艺界录制的视频，会重视从茶叶过渡到茶汤的这个部分，但往往看到的是茶艺表演，偏重在肢体动作、背景音乐、舞蹈、吟唱的表现，茶汤只是在上述表演中一扫而过的冲水、浸泡、倒茶、喝茶，不容易让人意识到泡茶者在创造一件茶汤作品。

从常见的视频与茶事活动中可以看到，为什么茶叶的创作比茶汤的创作受人重视呢？因为好的茶叶作品可以卖好的价钱，好的茶汤作品目前还无法卖好的价钱。茶道艺术尚未被认知。

（蔡荣章）

泡茶、赏茶不依赖包装与名称

有些茶名红火后，包装袋上印上了它们的名字以及昂贵的标价，人们泡茶、喝茶前不是用心地看茶况赏茶汤，而是指着包装袋上的茶名与标价就觉得很矜贵了。人们看“字”喝茶，茶叶是否做得不错，到底有什么欣赏价值反成次要。我认为茶道素养的修炼是别将茶叶的包装及标签带上泡茶席，茶叶带回家后，应该好好照顾它，不能就这样把茶叶摆着一边不管，以为当泡茶时拿出来即可。茶叶需要检查种类与状况的不同，然后采取不同方法存放，一些买回来的茶叶收在纸皮罐不适合，这时就要换成瓷罐或不锈钢罐给它密封，有时购茶量太多，就要分成几个小罐来装，以免每一次打开造成茶叶漏风，很多时候茶叶的商品外包装并不适于存放，适于存放的大概也不美。

即使一些茶叶的包装代表着矜贵显赫的身份、有值得骄傲的地方，也要把这些包装及标签卸除，把茶叶收放进自己泡茶要用的茶罐或用另外一张干净纸包裹，这样喝茶才会喝得比较清静。在繁多商业资讯与故事的包围之下喝茶，喝茶容易变得不再是喝茶。茶叶外包装上所展示的品牌、价格与传奇说词会分散大家的注意力，经常在目眩神迷的情况下喝茶，人们的灵敏度会降低，感受力也会变得懒怠，无法集中鉴赏力和养成专心的习惯。

不将包装外观除掉，你在泡茶时就被它们影响了欣赏和爱茶之心，无法自主地爱任何可以爱、值得爱的茶，你将被如雷贯耳的“大牌茶”愚弄，喝到一些名气非常大的茶时，即使它表现得如此坏，你都不敢相信它可以是一个品质不好的茶，你都不敢相信自己会说它不好。

泡茶要培养爱茶的心，爱茶包括读懂茶，读懂了，随手就可以购置一些好的茶（不一定贵）放在身边，把茶照顾好，不管它属于什么牌子、何等价格，爱茶的泡茶者都能够看清楚、喝明白它的本质，慢慢接触它，逮住它的灵魂来爱它。所以随时可就手边那几个茶来泡，不必去选一些特别有名气、有故事包装的茶。

用自己泡茶的茶叶罐收茶入席，从此就茶论茶，才会真正关心到茶的本身，从茶的外形、色泽、香味去认识它，欣赏它，不要迷恋茶叶包装上的字眼如历史名称、代号、防伪条码、年份有多老、名人的签名或一些标榜冠军的比赛茶。这些都只是商业行为，并非品质保证，故泡茶时不能被自己的偏见蒙骗，以为凡是有标识、记号的茶皆好茶。你可以统统不要管这些包装及标签，在冲泡之前，小心地看看茶叶一眼，想一想它们历经了怎样的一番过程才抵达茶席上，这样你泡茶将泡得更愉快，像和老朋友相处。

泡茶要懂得直接欣赏这一壶茶，不要依赖茶叶的各种包装与标示，不要透过过去的经验，甚至于还不要强调茶叶的名字。这样你会喝得比较慢，也更意识到自己在喝着的香味。受限于包装、过去的经验是主观的；有了名字的茶，泡茶、喝茶反而受限于你过去的记忆，没有欣赏到现在这一壶茶。别让包装骚扰了你的灵魂，看着现在这壶茶，闻之、嗅之、啜之、品之，默默地领受，又或说出你的心情与发现，这种用心的方式会让你泡茶泡得理智而缓慢，深刻而安逸。

（许玉莲）

制茶、泡茶不要受『茶叶标准』的限制

在多次茶王赛的颁奖仪式上，都听到评审人员在做审评报告时，提出了他们对获奖茶的审评标准：我们工夫红茶组要求外形细紧或紧结重实，露毫有锋苗，色乌黑油润或棕褐油润显金毫，匀整，净度好。汤色要求红明亮。香气要求嫩香，嫩甜香，花果香。滋味要求鲜醇或甘醇。叶底要求细嫩或肥嫩，多芽或有芽，红明亮。另外，绿茶组有绿茶得以获奖的标准、黑茶组有黑茶得以获奖的标准。

这些获奖茶的要求标准都是茶叶专家的意见，甚至列为公众必须依循的标准，一般从业人员或喝茶者是要奉为圭臬的，遇到茶就拿这些描述来比对，差距越大就是等级越差。这个现象在茶叶评比上至少会产生两个后果：一是平行差距稍大的茶（类型的不同，不是上下质量的差距）就不敢放在一起比赛，如乌龙茶组要求要清香，稍为焙一点火就认为不符合本次比赛的要件而无法参赛，唯恐遇到质量好，但又不符合本次比赛所要求的清香，那要怎么办？如果这样的案例多了，下一次比赛就会有人建议增加乌龙茶熟香组，结果又要有优等熟香乌龙茶的茶叶标准产生。如此下去，组别的分割是没完没了的。第二个后遗症是评审人员受“茶叶标准”的影响太大，不敢接纳新的“好”，本来标准是由茶叶产生，现在反过来是标准指导了茶叶的生产。在茶的品饮上，第一个后遗症是大家依“茶叶标准”喝茶，只要符合茶叶标准的茶，大家喝了就要觉得好，忽视了自己的判断力。当喝到一款不是茶叶标准所描述的好茶时也不敢大声叫好，因为不符合既定的茶叶标准。这样的影响之下，制茶界不敢“看茶做茶”，不敢发挥自己的创作力，只照茶叶标准去做。

再说，这番影响之下，泡茶的人也会倾向茶叶标准泡茶，本来泡茶应该也是“看茶泡茶”，然后融入自己的风格，但一旦有了茶叶标准在前面作为指标，泡茶的方法就容易朝“实现茶叶标准”去做，结果泡茶、喝茶所在的茶道艺术就被压在箱底而无法发挥。

我们想想，如果绘画也有油画标准、水墨画标准，音乐也有音乐标准、文学也有文学标准（这是有可能产生的，身边不难发现这样的例子，只要一办比赛、一制订政策，都容易有类似的规章出现），绘画、音乐、文学还成什么艺术？要一位画家依美术标准去构图、去用色、去表现情感与内容，真正有艺术概念的人会发疯的。

当茶叶、泡茶还没有晋级到艺术的阶段，有了“茶叶标准”与“泡茶标准”，大家还会觉得有所遵循，认为是进步的现象。在茶叶评比与泡茶比赛时，大家还要依赖这些标准打分数，否则大家会认为分数打得没有依据，评出的结果不够客观。但当茶道艺术进展到成熟的时候，大家要依据的只是茶叶与泡茶、奉茶、茶汤在色香味性与境界、思想上的美与内涵，没有“标准”可言。

市场上有各种商品的标准，如茶叶有绿茶、红茶、黄茶、白茶、乌龙茶、黑茶、花茶、紧压茶、袋泡茶、粉末茶等的标准，还有细分类与质量等级的标准，这在方便市场流通与保障消费者上有其效用。但生产者、设计者、享用者不应该受其束缚而不敢将之设计得超越“标准”（如不敢将乌龙茶做成片状）。当有一款茶看似应该用高温冲泡，泡茶的人也不必担心得出的茶汤不是茶叶标准上所描述的汤色与滋味。

（蔡荣章）

评茶与赏茶 互补不冲突

最近与专职审评茶叶的工作者泡茶喝，他们对我说：我们做评茶的这套与你们做茶道的不一样，我们评茶需要认真喝茶，讲究科学的；你们懂不懂茶叶都无所谓啦，只要穿上茶服打扮成仙女样，优优雅雅表演些泡茶手势就可以了，反正你们喝茶也不注重茶汤质感，再多的品质标准对你们都起不来作用，听说你们喝茶注重的是饮茶者喜不喜欢那口感而不必理会茶的特性，以及有没有按照饮茶者的心情去冲泡茶汤，宾主尽欢才最重要是吧？

现场一位茶道老师就表示意见说：评茶工作虽是技术活，不过往往照本宣科背书般将术语被处理，这无法满足千变万化的制茶法，形形色色茶叶风格那么多，术语显得不够用。再来，喝茶人过于依赖术语，有时就会变得机械化导致麻木，感官敏感度会退步的。评茶者一般被认为懂得很多茶叶知识，但有些人茶汤一入口，第一项就是挑毛病，这未免显得太粗鲁。茶道里举行的正式茶会，泡茶、喝茶过程称为赏茶，即将茶汤视为一个艺术作品细细地欣赏它的色香味。“赏”的做法相比“评”的做法显得较精致，赏茶里面带着“评”，评茶里面缺乏了“赏”。

没错，现今的确流行将泡茶当作表演或修行的手段，他们在泡茶过程中并不重视茶叶本质，茶汤好坏也不上心，泡茶过程中甚至是不喝茶或没茶喝的，只是把一个泡茶场面做得好看而已；有一位说他泡茶只需要用一片叶子就可以泡给很多人喝，另一位说他泡茶可以不用茶叶，就光看他的手势，把茶叶面目虚无化，难免引起其他人误解搞茶道的人不懂茶叶。茶道包括植茶、制茶、泡茶、赏茶、评茶、奉茶等过程，我们身体力行去实践把茶做好喝好这件事，在不断练习与探索过程中，我们也许体悟了一些心得，它在日后会成为我们人生中重要的态度。故此无论在茶界哪个领域工作，如评茶赏茶，都是必须实实在在地品茶识茶的。

比如，做得好的茶，是不同味道（包括香气）的要求，一些六安瓜片茶带有烟熏味，是属于这类茶的一种工艺味道，因为烘青时的拉火，是用明火来拉，偶有茶碎末掉进炭火便起了烟，故茶叶微带烟味，它的滋味虽欠纯但不属于做坏了的劣质，假设论茶叶品质的及格分数是75分，那么即使我们不喜欢这烟味，也要给此茶打75分或以上的，最好的瓜片可做出兰花香，到时就得打95分或以上，但我们不以此表现作为唯一的味道追求。有些烟味会成为一个茶叫好又叫座的特有香味风格，没它还真不行，那是正山小种，把揉捻发酵后的茶坯散摊竹筛放进青楼的底层吊架，这时在室外灶膛将松柴燃烧，让热气导入青楼，是茶坯在干燥过程持续地吸附松脂香味，泡饮时有股浓醇烟味穿透在茶汤，这得打满分的，欠浓醇烟味的分数稍低，没烟味的正山小种算是不正宗，品质不正常，打分的话就要给75分以下。另一厢，要是白鸡冠茶出现烟味，即是工艺不到位的劣质产品了。

茶要“乱喝”，交替地喝；习惯性地喝茶容易产生误差与偏见。什么茶都要喝，什么茶都能喝，什么茶都换着喝，味觉嗅觉所累积的感动才能与脑袋瓜内的味道记忆系统接轨，并加深精准度，欣赏茶叶的品位才逐渐精致开明。

（许玉莲）

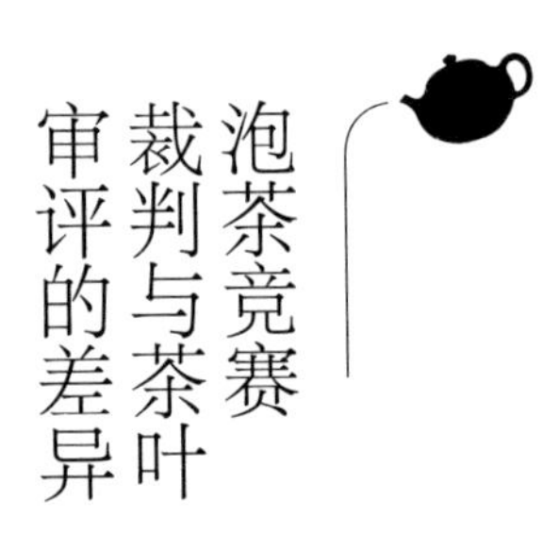

泡茶竞赛裁判与茶叶审评的差异

茶叶审评是看（包括喝）茶叶制作出来的品质谁优谁劣，审评时采用既定的泡茶法、茶水比例，审评人员只负责对茶叶的外形、汤色、香气、滋味及叶底的表现打分。泡茶竞赛则是要看人把茶泡得怎么样，裁判员是针对其人的“泡茶功夫”所泡出来的茶汤，喝了再打分，在这条前提下，如果提供给泡茶者的茶叶做得不好，他通过泡茶技术是否能把茶修饰得更好来争取裁判员的高分，充满了条件的限制与挑战。

泡茶技术很难订出一套标准样，故泡茶竞赛裁判员在赛前必须了解以及泡饮主办方所提供的茶叶，摸底后评分时心里才清楚：A茶况品质优良，打94分，泡茶手却没有将茶泡出应有的质量，只能打88分。B茶况原本欠佳，打84分，泡茶手反而泡得超出水准，那就要打92分。要做到这一点，才算是公平对待泡茶竞赛手，对泡茶技能才会产生积极的影响。泡茶竞赛裁判员也必须现场看着泡茶，注意泡茶手的每一细节，假设他的茶具都恰当，用的茶量、水温、浸泡时间都正确无疑，喝到的茶汤却总是不好喝，这时泡茶竞赛裁判员打分需要格外谨慎，很可能就是由于他领到的茶叶不够完善，而不是他的泡茶技能出了问题。

评茶人员审评时，并无“茶有没有泡好”及其他搭配如茶器、茶法、空间设置、选手形象等烦恼，不过评茶员“对标审评”能力必须很好，凡茶必有这个标准样，比如祁红各等级感官指标的滋味：特级鲜醇甜、一级鲜醇、二级甜醇、三级尚甜醇、四级醇、五级尚醇等，茶叶审评者要有很强的记忆力把各个细微的变化辨识出来。他所看到、喝到的比标准样本的差距大，就表示茶做得不好，然后指出错误的地方在哪里，比如说这岩茶的花香味做散掉了，因为杀青温度过高和时间把握不当。评茶人员的审评工作较直接清楚，也较容易获得认可。

泡茶，因为没有标准样，只能说那是对茶道的理解能力有高低；如果泡茶竞赛裁判员的水平参差不齐，比赛就失去了意义；裁判员的水准应有前瞻性的高度，才会为泡茶比赛带出积极的影响，起带头作用。所以泡茶竞赛裁判员需要在茶叶品质、泡茶技术、审美能力三方面有一定程度的水准，在这种要求下，泡茶竞赛裁判员首先知道茶的好坏，才有办法知道茶汤应有的水准，那么，才会清楚在整个泡茶过程必须如何调整茶水比例、泡茶水温、浸泡时间以及奉茶、喝茶时应掌握的态度等。

说到态度，就必须得说泡茶竞赛裁判员的审美能力，泡茶选手做了些什么动作，会让他扣分或加分呢？比如每一道茶出汤后泡茶者将壶盖拿走放在盖置、提壶持杯时翘尾指、分茶时左边四杯用左手右边四杯用右手来分、分茶入杯后就干坐着，等过一段时间茶汤降温后才奉茶出去，这些种种很难一句话说出对错，都有各自想要表述的立场。什么才叫作表现茶道之好或茶道之美呢？你说第一道茶汤弃掉不好，另一个人说必须得倒掉不喝。你说泡茶不必播放音乐，另一个说有音乐才不会枯燥。那么泡茶的审评标准就没有标准了吗？有的，目前竞赛规定泡茶、奉茶动作手势端正。发型、服饰、仪表自然优雅。泡茶空间布置、器具选择合理。“端正、自然、优雅、合理”虽说是基本教育，但却是人们经过生活中无数的历练与阅历，由内而外散发的一种风骨，不易达成的呢。还好，毕竟比硬性规定手要放在肚皮上好。

（许玉莲）

茶具大大影响着茶汤

喝茶要用质地好的茶具冲泡吗？要的，这样才能让茶真正好的茶味释放出来。这里“茶具”，是指与茶的关系比较密切，一线接触的煮水壶、茶壶、茶海与茶杯，其他较疏远的以后再谈。有些泡茶者舍得用很好的壶，却忘记了茶杯、茶海和煮水壶，那是不够的。

用优良质地的煮水壶煮水，使水分子分解得更细，加上保温效果好，温度一致，可使茶泡出茶性。茶壶质地好，使水保持应有的品质及温度，深入茶叶深处每一细胞，令茶香味完全渗透入水，茶在壶里的香味不会被“吸掉”。一样的，茶海、茶杯质地好，茶就不会被“吸掉”茶味，或令到茶味变质，尤其茶杯，更是与品茗者感官接触的器皿，用好的杯子喝茶，茶汤入口可呈现水柔、水滑之感，香味较细致、密集、醇厚。

使用较劣质地的茶具泡茶或喝茶，茶味的品质会完全走了样。泡茶者所创作的“茶汤作品”就变成一个失败的作品，对茶叶来说，失去了它的应有内涵。用劣质茶具得出的“坏茶汤”，不同于泡出“不同风格的茶汤”，也不同于泡出“浓淡不一的茶汤”，所谓“坏茶汤”，就是它可能变得较粗糙、酸涩。

卖茶者给客人试茶时，需要使用质地佳的茶具吗？业者行销时可预备上、中、下几种不同质地的茶具，用于试茶，有必要时直接告知客人所使用的茶具属于哪种质地，会带来优良、普通、劣等结果的茶汤。试茶时用好的茶具，茶汤很好喝，客人买回家用质地较差的茶具冲泡，茶汤喝得不甚理想该怎么办？有能力又有需要的客人可购置“好茶具”来冲泡好茶。就像弹吉他的人买吉他，吉他会有多种不同音质，写书法的人要买宣纸、买墨、买笔，也有许多质地供选择。我们鼓励从开始泡茶与喝茶时就要认识到泡茶用好茶具的重要。

一位对好茶具有要求的泡茶者，遇到没有好茶具的场合却被要求泡茶，到底要不要泡呢？最好是这位泡茶者到哪里去身上都带着适合泡茶的用具。要不然他最好能用不同质地的茶具泡出茶应有的最好品质。有人说宁缺毋滥，没有好茶具，万万不能泡，我们说，如此不是太冷酷了吗？既然大家都想喝，那就泡吧。

（许玉莲）

茶道生活与茶会活动不同

我泡的茶，茶叶都是平常我遇到、喝过、认为品质好的茶，就买一些，收放备用。并没有规定自己一定要找什么（种类的）茶，我会看、会泡、会品，知道哪个茶制作得不错，如果卖家开价不过分，我刚好负担得起，便买了，茶的种类与名称并不妨碍我去欣赏任何一个制作得好的茶，有些茶是优质，但超出财务预算，我便不买。我没有将喜爱茶叶转让的打算，故不库存茶量，即使觉得有些茶喝来真美，陈年后应香味更醇化，也应会升值，但心思不在这边。我买茶的量只足够自己所需便罢手，一些茶是非常让人痴迷，但我也没想过要买断它。我不跟风一定要到哪个山头住个把月，亲手做些茶出来，就把这些茶叫作好茶，但我手边随时都积储到一些好茶，随时能够把它泡得极致迷人，一起品茗过的人都喜爱极了。泡茶时我对水质有要求，不是每一种水都适合冲泡每一款茶，纯净水虽然适合人体吸收，但泡茶滋味寡淡，硬水泡茶则茶味不爽，需认真找到匹配的水。再棘手的问题也要试图找到解决方法，从此学会判断什么是真实或正确的，这才是茶道生活中卓越的品质。

现今很多地方举办的茶会活动看起来活跃，其生命力却是脆弱的；

茶会活动与茶会作品本质的不同是，茶会作品是茶道生活的有机升华；为了能够将茶泡好喝好，除了学习相应的知识与技能，在长年累月的锻炼与积淀过程中，泡茶人对泡茶周围的事物自然而然养成了本身的态度比如：永远保持双手干净，身上不要有异味，因这会干扰泡茶；追根究底，找出不同发酵程度的茶会出现怎样的茶性，不同材质的茶壶泡出的汤茶又怎样影响了它的风味等。当这些主张越来越获得认同，那么茶会作品就会产生。

茶会活动与生活却是有距离的，生活与活动为何有时候看起来并不那么一致？因为一个人在办活动时通常会带着作秀、工作、表演的心态，非本色的个性，有时甚至因太过计较名利得失而情绪失控；但生活却是过日子，在生活里面举行茶会就如同天天操练写毛笔字、弹钢琴、跳一支舞、写一首诗，做这些事情是一辈子的事，目地不会只是用于社交或表演、不会只是为了摆拍或直播，而是抱着欣赏的态度来学习这些趣味、来看待人生。往往，为做活动而做的活动，过了就无可留念，甚至，可能还有一点空空荡荡的心情，觉得所发生的一切皆与我无关。为什么会产生这种距离感呢，因目前茶会活动呈现出来的样貌，是非常形式化只注重表面的器物、摆饰，这些事物并没有构成茶会的精神，大家只不过在视觉上看到一些华丽奢侈的物品，内心没办法感动。这类活动参加多了，表面看起来似乎很忙很充实，但精神并没有得到满足。

茶会活动与茶道生活，对人类产生“享受”的程度和境界是不一样的。活动的“享受”小于生活的“享受”，它只限于表象的刺激，比如在活动中看到都是年轻貌美小姑娘充当茶人，大家都在说自己的茶有多么名贵，这些并不能消化成为我们的心得与智慧。但茶道生活中的“享受”是充满了热情、精进和梦想之心，我们从自己的泡茶喝茶过程领悟生活的意义，于是逐渐产生一些必需的形式，茶道形式的架构是为了要喝一杯好茶，是为了要让自己过生活过得安心舒服，身体畅快，如此用心去察觉与感受，这就是我体会到的茶道生活。

（许玉莲）

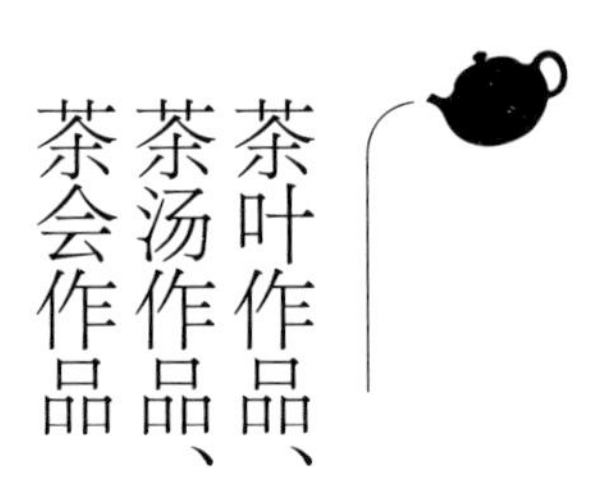

茶叶作品、茶汤作品、茶会作品

我们为什么要有茶会？举办茶会旨在过我们喜欢的茶道生活。茶道的真正意义，是我们究竟在生活里落实了多少，将泡茶、喝茶放在生活基础上，成为自己的日常部分，他人看了受感染，也学着做，这样才能产生一种从生活提炼出来的茶道思想。

我们有各种方法，在不同的地方冲泡各种茶，做久了成为泡茶习惯，习惯也即生活中时常会做的事情，因为投入地做，泡茶这件事越做越细腻、越做越丰富，久而久之成为一种茶会形式，甚至最后有能力通过一些形式来表达某种思想及感情，能够创作出形式完整，有方法呈献茶道内涵的茶会，那样的茶会就被称为作品，我们希望有很多的茶会作品。茶会作品创作应具备的首要条件是，创作者必须是茶道中人，他懂得什么是茶叶作品，能够用茶叶作品创作茶汤作品，才有办法创作出茶会作品。

若利用茶席式的泡茶聚会，而没有在席与席之间构成一个可显示茶道特质的相连事物，只是借着既有的形式泡茶、喝茶而已，不是茶会作品。有些人每次泡茶都忙着换场地，如：最高山峰，最豪华游艇，最美梅花林，这就好比一个人如没有好好充实本身的学识，培养出一种生命的态度与智慧，天天忙着换新衣服，又有何用？又有把重心放在空间装置上，弄个哗众取宠之空间，把人与茶器放在里面，成为家具的一部分，这样子的活动较接近装置艺术而并非茶会作品。还有泡茶者将茶席准备得非常妥当正式，开始泡茶了，原来是泡“没有茶的茶”，整个过程只有泡茶手势与泡茶表情，要的是形而上去感受那既看不见喝不着也不存在的茶叶与茶汤，这是模仿行为艺术的一种活动吧，没有茶的茶会不属于茶道，也不是我们所要说的茶会作品了。创作茶会作品，必须要有它的有机性，从头到尾要有它的目的所在，要有想要达到的目标。

茶会作品的流传，要有一定数量追随者的认同与实践，但茶会的规模不论大小，应论深度。人数不应成为做茶会的目标，切勿不择手段只要拉人来，而不管他们会不会泡茶与喝茶。做茶会是为了享用，享受茶与茶道，大前提是爱茶，爱泡茶，爱喝茶。流于表面的排场，比如邀请长官来助威因而增加很多与茶会无关的仪式；比如忽视茶会的真实涵义，茶会过程中只忙着结交名人、合影贴网，如此茶会，人们的心情与行为将变得越发浮夸，做来无甚益处。茶会作品整个过程应是兴趣带动思想、思想后行动、操练成为习惯、技术娴熟后创作、作品影响泡茶者的道路与生活，这时候的茶道，是有力度与深度的，因茶会的形式从生活中提炼出来，又在生活中处处可实施、时时可为之，那种有过茶道经历的愉悦与气度是从内往外散发的，我们是无时无刻不享受不精进的。若如此，到最后它会转化成灵魂深处的一股力量，引领我们长出新生命。这样的茶会，才是深刻动人的。

茶会作品不一定都是好的创作，它们有参差不齐的水平，无论如何，茶会作品的创作必须得有两个不可或缺的元素：茶汤作品及茶叶作品。茶汤作品的定义就是泡茶师要把茶叶作品泡得很好，这茶汤才能称为作品，要不然就是普通茶水。茶汤作品的作者须对泡茶有实际操作经验，对水，火，器物，茶水比例都有心得且泡起茶来有呼风唤雨之气势。在出席茶会作品的场合，泡茶师必须有能力呈现出茶汤作品以及茶道内涵，而不是普通茶水。所谓好的茶汤作品当然有一百分的，也有七十分的。

没有好的茶叶作品，肯定形成不了茶汤作品。茶叶要很用心做，做得很好，才能称为茶叶作品，制茶者就是茶叶作品的作者，不再是普通的制茶者，茶叶也不是普通的农产品。如那次喝茶，大家只是聚聚聊天，那茶叶是不是作品就无所谓，但倘若该次茶会是被当着作品看待，以品茗为重，那么冲泡的茶叶则必须是一个作品。有了茶叶作品，不一定会形成茶汤作品，如果泡茶师的技艺功夫不到家。有了茶叶作品和茶汤作品，也不见得每一种茶会都能成为一个作品，茶会作品以泡茶、奉茶及茶汤作品为核心来进行，有一定的形式，有它独有的特质，而不仅是召集一些人到一个地方泡茶、喝茶的活动而已。

（许玉莲）

如何呈现「茶会作品」

一场“茶会作品”的呈现，要让与会者清楚体会到这场茶会作品长成什么样子，就像一场交响乐的演奏，要让听众清楚体会到什么叫作交响乐。如果与会者只感觉到是参加一场茶的活动，而对这场茶会的形式与意义没有太清晰的印象，那是不对的，一定是主办单位将这场茶会作品办得像一场综合性的茶事活动。茶会作品是将茶会的始末看作是一件作品，不允许中间插入不属于这件作品的项目，如一场交响乐中不可以插入解说（否则就变成音乐导聆了）。

以交响乐演出作例子，大家验票后进入音乐厅，走过回廊，进入演奏厅，找到自己座位坐下，休息一会儿，当音乐会快开始的时候，灯光开始变暗。不久，客人席的灯光更暗了，演奏台的灯光更亮了，指挥出场，向大家行了个礼，大家报以掌声，指挥转向乐团，做了个手势，音乐就开始了。第一乐章、第二乐章、第三乐章，第一首曲子结束后，指挥转过身来向听众行了个礼，退回休息室。休息了片刻，指挥再度出场，继续演奏第二首曲子。曲目全部演奏完毕，指挥与乐团向大家谢幕，大家热烈鼓掌表示赞赏与感谢。音乐会结束了，大家散席离开。若主办单位还安排有听众与乐团的见面会，那是在另外的一个厅堂，由事先预约的人参加。

这样的音乐会，给人非常明确的印象，它就是一场交响乐的音乐会，不甚了解交响乐的人也会因此对交响乐有个清楚的认识。但是如果音乐会是这样安排的：开始是先来一场轻松的舞蹈拉开序幕，接着是音乐厅主管与当地音乐界大佬的致辞，然后介绍这次的指挥与乐团给大家认识。接着开始音乐演奏，音乐演奏结束后不是让掌声随着谢幕同步进行，而是由主持人及音乐界大老分别说些赞美的话，献花后才宣布音乐会结束。这样的音乐会给人的印象是一场音乐活动，包括了舞蹈、乐人介绍、音乐演奏、乐评、献花、社交，而不是单纯的交响乐作品呈现，对交响乐没有深刻认识的听众更只是如此的心得。

要大家体认“无我茶会”，也要直接呈现“无我茶会”：一开始就抽签决定座位，接着设席及茶具观摩与联谊，时间到后开始泡茶、奉茶、品茶，泡完喝完三道茶，听一段音乐或静坐三分钟，收拾茶具结束茶会。这样大家才清楚地感受到是参加了一场名叫“无我茶会”的茶会作品。如果会前在会场摆设了许多茶席让大家喝茶与交流，接着有个开幕式，开幕式后大家回座位泡茶，泡完三道茶，收拾茶具后还有舞蹈表演、现场挥毫等搭配的活动。茶会结束，大家的印象是：参加了一场茶文化活动。

如果要大家体认“茶道艺术家茶汤作品欣赏会”，应该是：大家依抽签抽到的泡茶席坐定后，茶道艺术家在四声锣的引导下进入自己的茶席。每席开始欣赏自己席上茶道艺术家的泡茶、奉茶，享受一道道的茶汤作品。第一场结束后，换席进入第二场。第二场依第一场的程序，同样进行赏茶、品茶、品水、品茶食，然后谢幕，感谢茶道艺术家，结束茶会。这样大家对“茶道艺术家茶汤作品欣赏会”才会有完整且清晰的印象。如果一开始先逐个介绍茶道艺术家，介绍完毕后茶道艺术家分别进入自己的茶席，这时席上的品茗者难免就与茶道艺术家打起招呼，交换名片，聊起天来了。茶道艺术家介绍完毕，开始泡茶，每席也难免继续一面交谈一面泡茶，一面拍照一面喝茶。第一场结束，换场时间如果没有要求茶道艺术家在准备好新茶具后要回茶道艺术家休息室，结果是留在原席与新来的品茗者继续闲聊、拍照，（有些茶道艺术家还认为要这样才可以多认识一些茶界人士），第二场的开始也就在这样“随意”的气氛下进行了，虽然依旧四声锣响，但已不是茶道艺术家庄严进场的气氛。再说茶席的设置，没有认为只要有茶道就够了，于是摆设了许多装饰品，桌面也尽情铺张，泡茶者花了许多心力在这些非茶道的事务上，品茗者也分神去谈论这些非茶道的配备。这样进行的结果，茶会结束后，大家的脑子里还满是喝茶聊天的印象，对茶道艺术家茶汤作品欣赏会的“茶道艺术家”“茶汤作品”“茶汤作品欣赏”，依然模糊不清。

举办被视为一件“作品”的“茶会”，要让与会者清楚体认到这是一场茶会作品，而不只是笼统地感觉到参加了一次茶事活动。

大家对茶会作品的认识可能还不够清晰，都笼统地将它们视为茶事活动。茶会作品是以整个茶会做一个单位，有它要诉求的独特标的，如“无我茶会”要大家体认茶道无何有之乡的境界，茶道艺术家茶汤作品欣赏会要大家静静品赏茶道艺术、茶汤作品之美。至于不称为茶会作品的其他茶事活动，茶会本身只是提供聚集人群、完成活动的一个场所。

举办茶会作品时，要将茶会作品完整呈现，不要加上非该项茶会作品的项目（如在“无我茶会”时加上背景音乐），也不要删掉该茶会作品应该有的元素（如在茶道艺术家茶汤作品欣赏会删掉茶道艺术家休息室的设置）。

（蔡荣章）

从一次茶会看当今茶道

这种茶会的名称叫“茶汤作品欣赏会”，但主办单位标示出来的名称只是“茶汤欣赏会”，我问了主办单位，他说“茶汤就是茶汤，哪来什么茶汤作品”，我一听就明白了，一般人不太在意茶水（即茶汤）与茶汤作品有什么差异，主办单位只是应和着流行，举办这种方式的茶会，直觉地把“作品”两字删掉了。

茶汤本来就是茶水，只是为了便于区分冲泡前的茶叶与冲泡后的汤水。但是如果称呼为“茶汤作品”，就得把茶水泡得很好，好到可以视为是一件艺术作品。这有如一幅画，没到一定水准，我们是不会视它为绘画艺术的；我粗陋地哼唱一曲，也不会有人承认它是音乐作品。就是因为大家不太重视茶汤是否泡到了一定的水准，所以对茶汤与茶汤作品的区别没有太多的认识，也因此就把“茶汤作品欣赏会”视同“茶汤欣赏会”。

当然，如果有一天大家对“茶汤”可以进阶成一件“作品”的观念非常强烈，也就可以省略作品两字了，因为如果不是泡得很好的茶汤，哪能拿来举办欣赏会？

如今，当人们参加茶汤作品欣赏会时，很多人不会关注到“茶汤”，而只是留意到“泡茶”，只是把茶道视为泡茶，认为茶道就是由打扮得很有韵味的人，很有模样地冲泡着茶。就因为这样，把茶道理解成表演艺术，最后的茶汤变得不重要。事实上，茶汤才是茶道最主要的部分，只有泡茶是不成其为茶道的。

这种茶会的全称是“茶道艺术家茶汤作品欣赏会”，但是主办单位标示出来的还省略了“茶道艺术家”。我又问主办单位，他说：我哪里去找那么多的茶道艺术家，我只能就近找一些会泡茶的人，这些懂泡茶的人，虽然取得有几张茶艺证书，但是就这样称他们为茶道艺术家，他们还不敢当呢。再说，社会上也没有茶道艺术家的认证。

这就真的为难主办单位了，大家还没有把泡茶与喝茶视为艺术，甚至于有人认为，泡泡茶、喝喝茶有什么可以叫作艺术的？大家没有把茶道当作艺术，当然就没有所谓“茶道艺术家”，举办“茶道艺术家茶汤作品欣赏会”就更让人费解了。

以泡茶、喝茶为媒介形成的艺术是存在的，我们可以很清楚说出这项茶道艺术的美在哪里，它的艺术性存在于哪些环节，只是目前将之呈现的机会不够普遍。这个从无到有的过渡阶段，不但一般人不容易体会茶道艺术的存在，也没有现存的茶道艺术家，要让大家普遍看到茶道艺术，只有让这些准茶道艺术家上台从事茶道艺术的创作，这些准茶道艺术家呈现茶道艺术的机会多了，累积了一定数量的茶道艺术品茗者，自然就会被公认为茶道艺术家，到那时候，茶道艺术与茶道艺术家才会双双出现。

现在举办茶道艺术家茶汤作品欣赏会的时候，经常会被品茗者责骂：那叫什么茶道艺术家？也不好好培训，宁缺毋滥！要让人一看就被感动、就被震撼，茶道艺术才会被认可。这些责骂我们都接受，但是总是要有培训的过程，不但茶道艺术家要培训，茶道艺术的品茗者也要培养。当茶道艺术要从无到有的时候，我们要允许不怎么样的茶道艺术家上台表现不怎么样的茶道艺术，主办单位要热忱地鼓励新手茶道艺术家上台创作，勇敢地称呼他们为茶道艺术家，勇敢地说他们呈现的是茶汤作品，勇敢地说，他们与品茗者共同创作的是茶道艺术。

（蔡荣章）

茶道艺术家的尊严

茶道艺术家的尊严

当我是一个品茗者（品茗者概括所有茶会进行时喝茶的人以及泡茶比赛进行时担任评委的人。泡茶竞赛的评委是必须喝茶的）的时候，我知道泡茶者是在呈献茶道艺术的人，也就是茶道艺术家，一如我欣赏歌唱家的献唱，画家的画作、舞蹈家的献舞一样，是从该项艺术的内涵与美学特质去欣赏这件艺术作品，所以我不会以服务态度、年龄、长相、服饰去判断和领略它。

如果我是品茗者，我不认为泡茶者一定必须由年轻貌美、体态姣好的女性来担任（这是茶界时下的弊病），因为我作为一位有品位的品茗者，我知道茶汤作品呈献得好不好和外形无关，一位茶道艺术家如果长年累月锻炼泡茶技艺，加上茶道思想的精进，外貌会自然而然产生一股富有诗书气的、自发的精灵，相较于只有表面看起来挺优雅的东西，其茶道艺术含量要高。

说到服务，作为一个品茗者，我知道茶道艺术家与市场茶店里的茶叶导购员各属不同的工作范畴，茶叶导购员稍带服务行业的特性，工作人员需要懂得一些茶文化与泡茶的相关知识，也需懂得消费者的消费意愿和营销技巧，加上一些服务基本准则来完成企业的业绩目标。服务性质的工作人员一般被要求礼多人不怪，故他们面对消费者大多长时间保持微笑、奉茶过程中不断行礼，表示谦卑。然茶道艺术家则是立志于茶道，决心深入钻研者，他们必须具备鉴别能力，对好茶、好茶具、好水知其所以然，以及手上必须拿得出这些品质佳的材料，创作出精彩的茶汤作品。茶道艺术家并不是只要喜欢茶道就能成为的，他们必须在日常练就以泡茶、奉茶、喝茶为媒介的技能，专注在茶的本身并培养茶道、美学、艺术的观念与能力，最终创作以茶汤为主的艺术，以口鼻为主的艺术，供给品茗者欣赏及享用。茶道艺术家站到台上准备掌席时的态度，应该充满自信和热情，品茗者看到他，会被他的气质折服，产生一种尊重的感觉才对。

如果我是品茗者，我将不会把泡茶的重点放在茶道艺术家应如何行礼、如何提供品茶服务、如何摆放他们的双手双脚等僵硬的形式上；也不勉强要求他们服从行礼的规则，比如鞠躬的次数、鞠躬的姿势，否则他们就是不符合茶道精神的茶人云云。目前茶界有规定泡茶者在奉茶时，身体的高度要与品茗者的茶桌同高，故此要采用单腿跪蹲式，即左脚向前跨一步，膝微屈，右膝屈于左脚小腿肚上；要是遇到这样子的泡茶者，我们可以回想曾看过的一些古代茶画中的人物，赏用茶汤的都是在聊天、作诗、赏画的三五好友，烧水、煮茶、分茶的工作都是茶童与仆人在做，所以茶童的奉茶姿势大多显得过分拘谨与殷勤，这样的奉茶姿势有点太累人，也很现实地反映了那个时代的行礼方式是下人对主人的一种服从的谦卑。当我是一个品茗者的时候，我宁可看到是茶道艺术家在掌席，他们泡茶奉茶喝茶有激情，对茶对器对人表现得有教养，在茶席上很合宜，很有分寸地有一点自己的言行，让自己的个性与趣味加入到茶汤作品里，致使泡茶、奉茶、喝茶的过程产生风骨而不流俗。或许有些茶道艺术家的茶汤作品还不够成熟，不完善，但这正是茶界需要培养茶道艺术家的时代，泡茶者的专业尊严不塑造起来，如若一直把泡茶者当作泡茶与奉茶的服务生，茶道的规格拉拔不起，讲茶道便是空谈。

（许玉莲）

泡茶与喝茶中显现的茶道风范

泡茶与喝茶，大家都有约定俗成的步骤，如烧水、备茶、置茶、冲水、浸泡、倒茶、分茶、奉茶，而且在做法与追求美好茶汤的心态上是大约一致的，但是在某些环节上却有分歧，这些分歧大大影响了茶道的特质与泡茶者的风范。

首先是奉茶的方法。很多人端着奉茶盘将茶端到品茗者面前，然后将杯子端放在他前面，不管他有没有关注到你的奉茶，甚至还在与别人说话、还在看资料、还在玩手机，泡茶师依旧行礼，或说声请喝茶。这是对茶、对泡茶师的不尊重，连带茶道也无立足之地。我们主张将茶端到品茗者面前，行礼或说声请喝茶，然后由品茗者将杯子端下，并向泡茶师行礼致谢。在游走式的会场，聊天是常态，当客人已留意到有人前来奉茶，这时依旧请客人自行端杯，如果客人没关注到奉茶人员，泡茶师或特设的奉茶人员就在他视线内请问他："要喝杯茶吗？"如果要，就请他将茶端下。

第二道通常是将泡好的茶盛放在茶盅内，然后持盅将茶倒于先前奉出去的杯子内。奉茶时是先倒好茶，向品茗者行个礼或说声请喝茶，品茗者回礼后，奉茶的人就不必再行礼了。这时品茗者如果还没有注意到有人前来奉茶，奉茶者可以问一声："还要喝一杯茶吗？"要，就帮他倒一杯。如果品茗者的杯子还剩有茶汤，也同样问他一声："还要喝一杯茶吗？"他如果说要，等他喝了前一杯的茶汤，再为他倒一杯新茶。通常喝了三四道茶后，应休息一下，或吃茶食，或品泉，或结束茶会，不要泡个不停，或看到品茗者的杯子空了就加茶。

茶会结束后，品茗者将杯子送回泡茶师的奉茶盘上，并行礼致谢。如果因场地的关系，品茗者不方便送回杯子，泡茶师可以前去收杯，这时品茗者将杯子放回泡茶师的奉茶盘上并致谢。若将喝过的杯子留在原位即离席，意味着泡茶师要逐个收拾杯子，说这是茶道及茶人风范，有点南辕北辙。

喝茶之前就将一盘盘吃的东西与茶具并列陈现，品茗者坐下来就可以开始吃东西，泡茶师或茶道艺术家一面创作茶汤作品，品茗者一面吃着东西。这种情况下，我们如何期待茶道艺术的呈现？如果将享用茶食当作品茗后的空白之美来应用，品完二道、三道茶汤之后，每人一份精致的茶食，茶食没有多一层包装，直接就可以欣赏到它的美样与滋味，享用完毕，利用盛装茶食的怀纸擦拭嘴巴和手指，折起来自行带走。这就成了品茗的一道过程，接下来继续泡下一道茶。

品赏泡茶用水也应该纳入茶道艺术的过程之中，水在茶汤作品的呈现上占极重要的地位，它已是茶汤品质与内涵的一部分，我们称这一道泡茶过程为"品泉"。喝了数道茶汤之后，来一杯无何有的白水，正可让茶味与味蕾再次有不一样的重逢，我们会惊叹这杯水的甘美。再说，这时的身体也需要补充一点水分。

茶被泡开后的叶底是我们泡茶、喝茶人最想观赏的"茶"，是茶继茶青、茶干、茶汤后的第四个生命周期，泡茶师或茶道艺术家会用白瓷盘盛放一些叶底，让我们欣赏与感念，喝茶人很知道茶的一点一滴的。

泡茶、喝茶加进去这几项，茶道或茶道艺术的呈现才显得完整，泡茶与喝茶的人、泡茶师、茶道艺术家都有了应有的形象与风范。

（蔡荣章）

茶汤作品欣赏会不许迟到的原因

我们要求来茶道艺术家茶汤作品欣赏会的品茗者不可迟到，茶道艺术家茶汤作品欣赏会的会场，在茶会开始前约十分钟开放，让品茗者进场，品茗者略微走走看看，就要在茶会开始前凭签条号码找到自己席位入座。茶道艺术家茶汤作品欣赏会的主办方不设礼仪小姐队伍迎宾及带位，每位品茗者需自己熟悉会场，安顿好自己的身心灵，迎接及享用茶汤这件作品。

品茗者赴约准时，原是最简单的生活道理，但有些人缺乏自律，总认为不过是10分钟到20分钟的事情而已，迟到一点点不要紧。一群人共同答应在同一时间进行一件事情，迟到者耽误的就不是一人之事了，他会浪费现场每一位与会者的时间的总和，假设80人同时被拖延15分钟，此时即被浪费掉1200分钟，这80人原来的后续安排就得改变，造成大家生活不便。迟到也会把所有事情变得杂乱无章，包括热水会降温或需要一煮再煮，点心会被耽误最佳食用时段等。

茶道艺术家茶汤作品欣赏会每次会场开门前，有两个很重要的程序是我们要实施的。其一，主办方会让品茗者将私人物件及与本次茶会无关的物品如衣物、书本、手提袋统一寄放，会后才领取回自己的东西。此举是让品茗者轻松入场，行动自由不受牵绊，也顾虑手上提着那么多东西，容易与茶席和茶器碰撞，打碎茶具岂不很扫兴？更重要的是品茗者拿着物品入席，无处收放，会将私人物品摊放在茶道艺术家的泡茶席上，破坏泡茶席的设置功能；为了方便自己，品茗者可能还会移动席上茶器到一边去，这是我们要纠正过来的误区。今品茗者还未意识到茶道艺术家的泡茶席，就等同音乐家的乐器、画家的画布与颜料，是供给艺术家创作作品时使用的，旁人在不了解和无允许的状况下不得随便移动或乱摸。故此，我们禁止品茗者将私人物品带进会场造成混乱。其二，主办方会让品茗者“洁手”再进场品茶，“洁手”在这里有两层意思，一即如字面所说，清清手，感觉清爽干净些，品茗者可能赶路过来，马上入场，的确需要洁手。第二算是进场仪式，即使双手干净无瑕，也冲冲水，洁手仪式有助进入准备品茶的心态，有助将心情安放好。由于这两大细节对茶道艺术家即将要创作茶道作品产生莫大影响，因此品茗者不但不许迟到，还必须最少提早五至十分钟，用以寄放物品和洁手，预留充足时间为茶会做好准备。

如果约定茶道艺术家茶汤作品欣赏会是七点开始，品茗者在七点抵达举办地点，都已经被视为迟了，因为七点是指茶道艺术家已经开始创作茶汤作品的时间，而不是品茗者还在准备寄存物件、洁手、抽签席位、找座位的时间。一些人可能认为迟到一会儿，让人家等待，是具有权势的象征，不惜牺牲守时及做好之前准备的优良生活态度，而要用“迟到”去表现权力，那是比“迟到问题”更严重的问题。

品茗者一定要在茶道艺术家入席泡茶前坐好位子上，调整好心无旁骛的专注心情，准备迎接茶道艺术家茶汤作品欣赏会的呈献。我们在此实施第三个重要程序，那是茶会开始时间到了，茶道艺术家这才进场入席，品茗者需站立欢迎茶道艺术家，互相行礼之后，茶道艺术家才展开掌席工作，这也是品茗者不能迟到的原因之一。要是品茗者迟到，他是没办法参与茶会了，我们实施的第四个重要程序是，茶会的开始时间同时也是会场大门关闭的时间，逾时不候。

（许玉莲）

茶道要有怎样的礼仪规范

高职院校的茶文化专业，在课堂上常有茶艺礼仪的课程，上课内容包括站姿、坐姿、行走、行礼、端盘、奉茶等项目。站姿要求女性双脚要成丁字步，坐姿要求女性坐椅子的三分之一，男性坐椅子的三分之二，还要求双腿要怎样摆放。行走的姿势是头顶着书本来练习。这些内容在模特儿和秘书的培训班上可以看见，但是泡茶喝茶的人是不是也需要这么培养呢？我以为只要不弯腰驼背就可以了，茶文化专业的美仪训练要着重在不良姿势的纠正，如头总是歪一边、左右肩膀不平、走路低头。即使加了上述那些课目：行礼、手势、端盘、奉茶，也要关注这样的学习是否正确。

我看到上课时的行礼要求是这样的，双手沿着大腿往下滑，头部随着往下垂，弯腰超过90°，称为是“真”式的行礼，45°时称为“行”式，15°时称为“草”式。还特别说明“真”式是在舞台谢幕时使用的。想一想，泡茶喝茶是与日常生活一样的，45°与15°灵活应用即可，超过90°的表演式行礼就可免了。茶道不必为表演定出另外一套规矩。

站立时两只手怎么办？我看到的要求是两只手掌张开，在肚脐前斜行交叉，哪只手在哪只手的上面还有男女之别。新的课程对男士的手势还有了新的要求：左手掌心向上，于肚脐前水平摊开，右手握拳置于左手掌上。这样的站立方式在何时应用呢？学生说，在茶道表演的时候。是应该这样回答，否则哪个生活、哪个社交场合用得了？有人说：零售店的行销人员、铁路与飞机上的服务人员也会这样做。但是我认为不尽然，因为那是不轻松的姿势（手肘必须提着的），是不尊重人的姿势，不会形成大家看了就希望效仿的行为模式。我认为自然下垂，或轻松交握于身前即可。没有必要整齐划一，把注意力集中在泡茶与喝茶，才是茶之道。

端着奉茶盘出去奉茶，无论是盘子的大小，也不管是端小杯子奉茶还是端几个茶碗奉茶，都是双手端着奉茶盘的两边比较适宜，不需要分成小的奉茶盘是双手端取，大的奉茶盘是一只手托住底部，另一只手扶在奉茶盘的边缘。会有这样的考量，是有些人认为等一下奉茶时要腾出一只手端杯子给客人，大盘子无法只留一只手在单边支撑。但是这样的奉茶方法是不适宜的，较好的做法是由客人自行端取，如果这样做了，就不会有大盘单边支撑的困扰（下一段谈到奉茶时还会提及）。奉完茶回泡茶席，也是双手端着奉茶盘较适宜，不要只是一只手提着或是夹在手臂上。

奉茶的方法也被列为礼仪的课程（事实上可以归到泡茶课上），端着奉茶盘将茶送到客人面前后，一只手将杯子端放在客人面前，放下后，张开手掌朝杯子比一下，行礼并说："请喝茶。"（谓此为请茶礼）我认为较妥当的方法是：泡茶师端者奉茶盘在客人面前一鞠躬（或口说："请喝茶"），由客人自行从奉茶盘上端取自己的一杯，并向泡茶师行礼致谢，泡茶师回礼。泡茶师用心地把茶泡好，奉到客人面前，由客人自行端取是应有的礼貌，这样做也免得客人还心不在焉地与邻座聊天。茶会结束，泡茶师前来收杯子，也是由客人自行把杯子放回奉茶盘上。

茶道不需要为它特别定制的礼仪，如上所述说的站立、手势、请茶礼，都容易为茶道贴上没道理的标签。茶道就是泡茶、奉茶、喝茶，只要把注意力放在茶的身上，而且精炼到茶道应有的审美标准与精神内涵，礼自在其中，道亦自在其中。

（蔡荣章）

茶道动作无须标准化

泡茶者总是担心别人说他没礼貌，从他们掌席过程可看个究竟：开始泡茶前，他们会不管三七二十一，先给席上品茗者点头哈腰，品茗者不一定领情回礼，或许只是冷漠地看着泡茶师，偶尔甚至是在做自己事；有些泡茶者还不仅仅朝正前方行礼一次而已，他们会向左方、前方、右方都鞠躬，表现面面俱全，都照应到了才安心。接下来，泡茶师们大多会挂着一个机械化的笑脸，一边将嘴角两边咧开，一边泡茶。

奉茶的时候，泡茶者捧着放满品茶杯的奉茶盘，走至品茗者前方或身边，先来个深深的鞠躬，奉上一杯茶后，伸出手掌表示“请”的意思，跟着说“请喝茶”，这时还要陪上一个笑脸，向品茗者再鞠躬一次，才转去奉茶给下一位品茗者。如此计算下来，每奉茶给一人，则泡茶者要做六个程序：鞠躬、奉上品茶杯、伸手掌、说“请喝茶”、笑、鞠躬；如席上有八位品茗者，每一道茶他便需要做四十八次，假设此番茶席共冲泡六道茶，他就需得重覆做二百八十八次。想象一下，他们一天如果掌席三四回，岂不要鞠躬上千次，笑也笑得麻木了。

而今茶界充斥着这些五花八门的茶艺礼仪，让人看了觉得不合乎常理，你说是崇尚古人喝茶礼仪吗？不对啊，曾几何时，苏东坡喝茶也就那几招：取水、候火、磨茶、煎茶、吃茶。陆羽喝茶时也就忙着炙茶、碾茶、煮茶、选水、候水、分茶、然后茶汤鉴赏。宋徽宗的《文会图》中，在一旁整治茶与茶器皿的人仿佛一支技术队伍，全神贯注在工作，也没有被要求不停地打躬作揖的迹象。你说是近代茶业的文化现象吗？我观察了几位自20世纪80年代现代茶文化复兴期便参与茶界工作的资深茶道导师，他们泡茶并不会这样盲目对品茗者低声下气，没了尊严似的，他们的脸容与嘴角是静寂的表情，偶尔得意了，眼睛忽然闪亮起来，闻到极品茶香会叹一口气表示“只应天上有”，奉茶手势干净利落，过程让人崇拜。

为何现今茶界会需要这种东西呢，把礼貌提倡成一种固定、僵化的举动，把笑变为一个刻板的集体表情，这两样原来都是灵活的举动，是人类独有的感情表达方式，内心有感触才会自然流露，一旦成为一种固定模仿的举止，大批生产，就会把人都弄成虚假的。一般茶艺职业培训所及茶文化专科开设的泡茶培训，都将此类单调、固定的表情包扔给泡茶者，要他们不断重复练习，一是为市场需要，有些茶企聘用泡茶者当帮佣使唤，故泡茶者与资方以及客商之间无形中有了主人与下人的藩篱，处于下人这方的泡茶者被矮化，自觉卑微，唯恐脸上、肢体表情有遗漏疏忽便遭人诟病；二是为泡茶比赛，校际间每年举办的茶艺大赛，误将文化重点集中在泡茶者如何对品茶者表现和蔼可亲，误判茶道的精神就是让喝茶者高兴。

我并非主张泡茶者应成为一位自大狂、在茶席上不应实施礼仪，但是将泡茶者必须有礼貌等同茶道这想法植入芸芸众生的脑海中，导致每人都可以站在一个道德高点来要求规范泡茶者的一举一动，那是不公平与不道德的。不公平，是相对其他文化项目如：演奏音乐、歌唱、绘画、写书法、插花、空间设计等，大家并没有同样刻薄的要求。不道德，是倘若只让道德礼仪来掌控茶道与茶席，这不仅毁了我们要用身心去体会的美好的品茗体验，也扭曲了人性与人文精神。

（许玉莲）

泡茶不能泡得太谦卑

泡茶不能泡得太谦卑，泡茶者首先要避免礼多人不怪的点头弯腰如捣蒜的习惯。泡茶、奉茶、喝茶需掌握行礼时机，过与不及同样是失礼行为，是鞠躬不是又鞠躬。行礼仪轨一旦失去应有原则，日子久了，大家越来越不把这些当一回事，泡茶者就得不到尊重，因为你不懂尊严。

现今学校流行指导茶文化学生两手交叉放在胸下抱着腹部为规定礼仪，头部、面部、眼睛不能动，并要一直维持笑容的表情，这种不人性化动作把泡茶者变成刻板道具，对泡茶者的不尊重是茶艺礼仪规范的一大讽刺。奉茶动作则是：来到被奉茶者面前先鞠躬，奉茶后作伸掌礼，再第二次鞠躬才可离去。一些人说奉茶时还应弯腿屈膝，作万福礼，若如此，奉茶给一人要行礼四次，一席有十位喝茶者则泡茶者就要行礼四十次，泡茶三道则泡茶者需要行礼一百二十次，呆板动作之多使奉茶行为变成僵化教条，硬生生切断泡茶者内心感情之培养，以致大家以为例行公事完成指定道数动作就算是礼仪，反而丢掉真心诚意。

泡茶要泡得不卑不亢，原本不必一条条立规矩。强迫大家服从，是社会华而不实的现象越来越多，冲淡人与人间的人本精神，不得已树立的做法。让大家遵循一些共同礼仪规范，目的为拉近距离。惟泡茶行礼的设计有几点不可忽视，即：行礼必须包括泡茶者与喝茶者，彼此须以对等礼节相待，这两者关系平等，大家才能客观地把心收拢回来，放在茶上。现今一面倒，让泡茶者给被奉茶者行礼，被奉茶者理所当然拿茶而不自觉回礼，有人更不明为何需要答谢礼，继续聊他的天，看也不看一眼泡茶者，这种极度无礼、对人对物毫无领受之心的粗暴行为须遏制。

当代泡茶行礼应针对泡茶者与喝茶者之身份高下、地位等级、年龄、性别等保守课题给予适当改革。例如男尊女卑就是备受诟病的做法，上述提到的抱腹站立、不停鞠躬的奉茶动作，在茶文化圈正一次次上演。泡茶者都清一色选年轻貌美女性担任，喝茶者男性居多，几乎没看过男性泡茶是被如此规范，仿佛大家心底默认泡茶就是女性侍候男性的事情，这就有束缚女性、把女性当家仆之嫌，也有把女性泡茶当作是一项娱乐节目之误解。也许因为这样，许多泡茶场合好像都变成是美娇娘、脂粉香的专属场合，害得想泡茶的男性却步，因为人家会说他们娘娘腔。其他误导如：一定是下属泡茶给上司、后进泡给前辈，而且还得泡得非常低声下气才被认可，这样的“礼”是不可取的，不要让泡茶成为侍候权贵的事情，不要让“礼”成为大龄者令小辈屈服的武器。

泡茶礼法切勿脱离当代生活，不必一提到礼仪就按照古代的做法，每个时代的需求与取舍都会因政经、价值观等因素而改变。若真有一些优良传统仪轨放在现代也很好用，就不妨用得彻底一点，切勿自作聪明，随便修改或将不同朝代手势合拼得四不像，让人觉得别扭。

礼法制定后，不要过分依赖它，它们虽然可迅速收到效果，但终究很难长久，因为那是外在的。

当前务必在泡茶、奉茶、喝茶过程中长期培养认真对待一切人、事、物的态度，不管是否有人在看，不管担任哪个角色，都专心将之做好，并且充分享受“做”，懂得欣赏自己所做，这种精神才会发光发热，让人感动，至此，礼法约束就多余了。

（许玉莲）

泡茶和修身养性得分开对待

开门一百件事，如：做酱油、煮饭、缝衣裳、弹琴、写毛笔字、开车、唱歌、游泳、跳舞、绘画、种花、烤面包等，无一不需要技术。但一说到泡茶，很多人突然觉得茶法、茶器都太庸俗太幼稚，主张“泡茶当以修身养性、参禅悟道、世界和谐为重，以培养高尚人格的美德为主”，对此我不同意。

现时，茶界充斥一类号称“茶文化专”家者，记得前朝几个贤人才子事迹，不管与茶道是否有关，都嫁接在茶上，自称在做茶道学问。他们只是嘴巴喊喊仁义道德口号，就自以为循古法酿造茶道精神，投入泡茶的时间不够多，根本是连泡茶的门都摸不到边，如何还高谈阔论，修身养性？只不过自欺欺人而已。此类“茶文化专家”每每在讲茶文化前，就先嘲弄当代人一番，读了《心经》，就喊现代人世风日下，人心变坏，造成社会不安定，现代人是非混淆，善恶不分，嚷嚷着要泡茶还我清净。现代人真的那么颓废虚伪么？古人真的都诚实纯朴么？读了几本古书就生出今不如古的优越感，是对当代茶人的不负责任，这样越活越回去，就表示人格清高了吗？

风骨这一回事，本不是写写引经据典的话，把前人的儒、道、释文化抄抄然后抛出来就有的。把《心经》《南方录》《茶经》《易经》《礼记》《圣经》《源氏物语》等内容剪裁到自己的讲义与文章中，即使那些智慧再精彩也只属于古人，而不是搬字过纸者。有“茶文化专家”读了《论语》就告知学生，自己发明了“颜回斗茶法”，以表扬子贡自知不如却不会嫉妒的长处，来指正现代人喜功、好高骛远的弊病，称用“颜回斗茶法”来泡茶，泡茶喝茶者就会被赋予“颜回式”的美德。这是肤浅、偏执的做法。茶道中人个性傲慢炫耀、附势趋炎、是非颠倒的人多得是，说明泡茶对修身养性的功能并不大，修身养性和泡茶还是得分开对待。

泡茶与生活的其他事情没两样，先是一门专业技术，比如写毛笔字，生宣纸比熟宣纸洇墨，写字者就要考虑临的是什么帖，否则洇开了都看不见笔触，若连这个基础也不懂，什么书法理念也不必谈了。学泡茶需懂茶叶、泡茶器与水的材料本质和加工生产方法，因为那会影响成品的品质优劣，必须先知道这些器物、食材是怎样一回事，才能判断出应如何做才能冲泡好一壶茶。泡茶的基本需将茶量、浸泡时间、水温与茶汤浓度、质量的关系弄明白，否则茶叶多一条是多，浸泡时间少一秒是少，那就把茶泡坏了。即使搞懂了这些道理也还不算懂，学泡茶的人仍必须花很长时间去锻炼，比如一款茶采用同样茶水比例、水温、浸泡时间练泡数百次，才算有了粗浅概念；同一款茶在同样条件，换各种不同材质的泡茶器，又练泡数百次；换不一样条件及不同茶器材质又练泡数百次；在经验中不断发现问题与改进，在毫厘之间取得精准茶汤表现。同时要累积品茗者的人数，有多少人会欣赏某人的茶汤作品，甚至到了有人愿意花一笔钱就是要喝某人泡的茶这种地步，过程在考验泡茶技术是否到家；那些认为“泡茶是修身养性的功课”之人，在这些技术上恐怕是非常微小的。有人听见喝茶要“给钱”，更加苛责泡茶与喝茶怎么可以这么不文雅，忘了郑板桥曾给自己的字画定过收费标准，忘了莫扎特的作品也要有人买才行。

（许玉莲）

非得规定要穿什么服饰泡茶吗

泡茶时一定要穿某个颜色的某种服饰，否则就不可以泡茶吗？现多般以茶服、仙装和传统造型为主，没有此类打扮赴茶会泡茶、喝茶者所剩无几。这随声附和的怪现象起源于一些名师觉得如此有派头，并要求其下属与徒弟也这么穿，才几年光景，大家就像穿制服似地穿起来了。茶道最重要的是创作品质佳的茶道作品，专心欣赏泡茶、奉茶、喝茶的内涵。我认为泡茶的衣服应符合泡茶工作的安全、卫生、品质及专业原则，大前提是能满足“好好地泡茶”，依循这个方向去做，最终一定就会产生适合的服装。如今流行的多层次薄纱、宽袍大袖服装，也许表面好看，却违反泡茶功能，而将茶道带往错误的方向。

穿统一服装或可壮大声势与获得认同，浩浩荡荡地成群结队，将个人汇集到团体，让人家识别他们是一伙的，享受团体统一服饰带给他们的优越感，很多没有自信的人因此从这里找到自信。其实这同时也是一件排除异己的事情，凡与他们穿得不一样的人在做泡茶、喝茶的事情，他们便觉得奇怪而表露出排斥，渐渐地他们所认同的“泡茶价值”就只有他们的那种，别人的都不行，逐渐失去个人的理性判断与开明态度。

一起穿上某款服饰并不能使泡茶者变成更有茶道气质的人，现代时空的我们应思考如何从本身生活及泡茶方式提炼出适合自己个性与文化的衣服才对。内涵是自小就要教育、培养的一种从内而外的气质，需多方面吸收美学与艺术见识，不是单靠一套什么造型衣服做做表面功夫就会有的。茶艺教学的培训要注意，平常穿着品位与泡茶应穿什么衣服的品位是一致的，不要说平常任由你随便乱穿，泡茶时就规定这几款茶服、仙装和传统服饰，长期下去学生便会把泡茶服当戏服，泡茶当表演。回过头去看看历代茶人陆羽、苏东坡、千利休等，我们何曾听说他们为了要呈献茶道作品而跑去穿戏服泡茶的？有师长们说统一服装为了方便管制学生，不按照统一服饰，担心会出现很多不合礼仪的服装，担心喝茶喝到一半看见袒胸露背性感怪异的画面，这类言论可推论到“伤风败俗道德沦亡”之批判，为此而忽略学生建立成熟的个人观点、学习独立自主处理得体的服装，则乖离了教育本位。也有认为统一服饰可消除泡茶者之间的社会地位、智愚、老新、富贫的差别，降低阶级压力。但如果想让大家自在相处，需通过系列美学与德育工作，培养良好审美观及生活态度才是，而并非依赖一致的服饰来掩盖事实。

茶道艺术的素养，基本功是好好花一番功夫来磨炼磨炼泡茶手艺，手艺的磨炼即包括心智的磨炼，磨炼得够文明成熟、有审美观的人自然懂自己在泡茶时该穿何衣物，不必他人来规定。

（许玉莲）

泡茶者应坐在泡茶席的主位

“服务业要以客为尊，泡茶席的主位当然要给客人坐，而且茶店的泡茶是让客人试茶，客人满意了才会买茶。”

因此茶叶店经常把泡茶桌最主要的位置留给客人，泡茶的位置安排在泡茶桌不重要的一侧，甚至另外安排一个小桌子泡茶。这样的格局告诉我们，泡茶不是一件什么了不起的工作。

这种状况与办公室接待客人的泡茶不一样，办公室接待客人的主要目的是商谈，泡茶者是要提供一杯茶给一起商谈的人。讲究的场合才会安排专人现场泡茶，否者把茶泡好端进来便罢。

但是茶叶店的“茶”与“泡茶”是主角，应该登上主要的舞台，要把泡茶桌最主要的地方留给茶来炫耀自己、留给泡茶的人来展现茶汤的美，这不就是茶叶店最重要的任务吗?

老板自己泡茶和卖茶就不一样了，他会让自己坐上泡茶桌最主要的位置（我们看到市面上的状况是如此），他们应该是深切了解其中的道理，不只是考虑到老板应该有的位置吧？我们希望他能把所有的泡茶桌都改成这样，让店里泡茶的人坐上最主要的位置。

造成这个现象的原因有四，第一，大家对“茶”是件“作品”的概念不够深刻，所以没有郑重其事地把茶搬到舞台的正中央。茶叶店对自己的茶都很重视，但话题很少针对茶的本身，总是谈了许多茶的故事。这样做的结果是让大家忽略了“茶”这件“作品”，没有细细去欣赏，去准备冲泡它、品赏它。

第二，大家对“泡茶艺术”是呈现茶叶作品必需的手段，而且是把茶叶作品变成可以让我们享用的必须过程不够深刻。这个过程的好坏影响了茶叶的价值，决定了客人要不要购买。要把泡茶的人放在最好的位置上，才容易让客人感受到这盒茶叶是要受到这样尊贵对待的。

第三，能坐上泡茶桌主位来呈现泡茶艺术的员工不易雇得。这点不能全怪老板，人力市场还没有储备足够的这种人才，不懂茶、不会泡茶的人，放在泡茶桌的主要位子上，也不适合。

第四，现在时髦的茶叶卖场受到现在时髦茶馆的影响，把泡茶桌的主要位置都让给了客人。事实上，卖茶店的茶桌设置要与茶馆有所不同，茶馆的主要任务是让客人自己泡茶，卖茶店的主要任务是让工作人员泡茶给客人试饮。卖茶店的茶桌设计是要把主要的位置留给泡茶的人。

茶叶店雇用懂茶、会泡茶的人坐在最主要的位置介绍茶、泡茶，将茶道艺术完整地呈现给客人，客人看了以后会将它们带回去应用在自己的生活圈子里，其他的人看了，同样会再传播出去。

茶文化复兴是起于对茶叶的尊敬，人们承认、尊重茶叶是一件作品、茶汤是一件作品，整个泡茶喝茶的过程是一项艺术行为。如果人们看到的是一个坐在角落的人泡茶，像仆人般地送一杯茶给客人喝，即使说了许多茶的珍稀故事，人们还只是珍惜茶这件农产品、讲究泡茶技术地把它泡来喝而已。

说是茶产业的发展也好、茶道艺术的建构也好，要从人们天天看见的地方做起。泡茶的人坐在泡茶桌的主要位置，骄傲地呈现他的泡茶、奉茶、品茶，无论是在茶叶卖场的泡茶桌，有泡茶师为客人泡茶的品茗馆，还是自家的客厅上。

（蔡荣章）

不知茶量 焉知茶汤质感

目前泡茶者面对的最大困扰，是茶叶多以固定克数的一次性小包装出现，普遍是八克，导致大家不知不觉被限制了用茶量，好像只能用这么多克茶叶，并以为那是真理，如何判断投茶量的能力反而没有被训练出来。本来是喝茶人为了方便携带，抓一撮茶叶，简单用张纸或找个用过的小罐子装着，去到哪里都可拿点出来泡；现今生产基地备置了包茶机，将茶装成几克的小包产品出售，一下子大家觉得好像如此才合乎规格，泡茶人就被牵制了。大多厂家认为如此包装容易管理，茶叶不易变质或串味，库存也放心不像散茶那样费力盘点。开始是做营销的采用这种一次性小包装给消费者试茶，消费者用上瘾以后，大家就都这样卖了。

以为泡茶就是用八克茶叶的情形，不只发生在新手身上，也发生在具有证书的茶艺师以及拥有经验之茶商和茶道老师身上。无论在冲泡散茶或紧压茶，他们在第一时间仍不分青红皂白将电子秤搬出来称八克，还满脸诚恳地表示：“我对投茶量的要求是非常严格的。”也遇到过一坐下来，泡茶的人突然就问：“老师，我放八克茶叶够吗？”我回答说：“我还没有看到你要泡的茶是怎样的、还没见到茶壶，不知道你要泡几道，所以无法知道八克是否足够呀。”当泡茶的人一脸茫然，便很清楚传达出，茶界这些天天泡茶的人原来还未学会泡茶原理。不知茶量，焉知茶汤质感，小小细节便道出茶产业及茶道艺术欲推进的巨大困难。

每一壶茶叶究竟要放多少？除了重量以外还要有感觉，那感觉是通过细微观察而来，如茶叶的老嫩程度，粗老茶叶比细嫩适中的茶叶水可溶物会减少，故要放多些。同样是部分发酵茶类，较紧结颗粒状的比松散长条形的要放少一些。劣质茶要比优质茶放多一点，因为它内含物降低滋味平淡。茶叶较碎，其浸出物溶解快，故要放少些茶，少至只能泡一道，二道；如要冲泡四、五道，碎茶投放多了则第一道出汤必须快。所以说重量只是其中一个条件而已，不能说每一包茶叶都是八克、十克这样定下泡法，需以浸泡时间掌控茶的可溶物来调整味道。

放茶要看茶况，重量只是衡量的一个基准，在使用小包装茶叶时必须经过微调，如多少个人喝，两个人喝的话用半包即可；想泡多几道的话，应用一包半或二包；还有壶的容量，如果这次换成大壶，茶叶当然需加多；泡茶者自己要有判断的能力。假设盲目迁就一次性包装的八克或十克，那么泡茶者只能依照教条泡茶，而不是在懂茶赏茶的情趣中把茶泡好。

现今茶界还没有重视茶汤，再好的茶叶也没有重视它的泡法，很多企业宁可花重本购置名贵茶桌，而不懂得将茶叶好好收藏在茶罐中，忽视了一次性的小包装茶叶不但会误导泡茶时的茶水比例，包装袋的材质也会影响茶的香味。茶道艺术工作者需要想更多办法，让消费者接受正规的泡茶训练，避免大家受误导，认为泡茶只能用八克。茶叶投放到市场后，茶道艺术工作者的责任是不断寻找各地生产的各种类茶叶，研究它们的茶性、茶状、然后提出应用茶器的材质与大小、水质、加热方式、水温要多高、浸泡时间要多久及茶叶应放多少，泡茶是没办法改变茶叶的品质，但通过茶法至少，可将劣质的茶泡得没那么难喝，将品质佳的泡得更好喝一点。

（许玉莲）

茶道艺术只是一部分人的追求吗

大家都知道茶道艺术，因为大家都知道什么是茶道，也都知道什么是艺术，所以一定知道什么是茶道艺术。这有点强词夺理，不是吗？我们就来说说这个。

很多人说我不懂艺术、我不喜欢艺术，艺术让人看了、听了想睡觉，倒不如娱乐界提供的那些节目让人兴高采烈。有人也说，音乐厅里的音乐、画廊里的绘画只是给自命不凡的人自己爽而已。但这只是“普及度”的问题，不能推翻“大家都知道艺术”的命题。这里所说的“大家”是指“整个社会最终做出的结论”，如最终政府或民间还是决定花大钱盖了可以与别人媲美的音乐厅与美术馆。我们可以批评说那只是为了装点门面，但为什么要装这种门面？为什么要花大钱邀请有名的交响乐团来演奏、邀请有名的画家来办展览？这说明了大家还是懂得、认可音乐艺术、绘画艺术的。

泡茶、喝茶只是日常生活餐饮的一部分，何必说到艺术？每个人的年均饮茶量，只要从600g增加到800g，就说明了茶文化的发展、生活品质的提升，对吗？相同的，烹饪也只是日常生活餐饮的一部分，何必说到烹饪艺术？歌唱也只是日常生活抒发情绪的一种方式，何必说到音乐艺术？但是大家都知道，不同的人有不同的需求，有些人只要有茶喝就觉得满足了，有些人必须喝到艺术境地的茶才放心；有些人有音乐听就高兴了，有些人必须听到艺术性很高的曲子才满意。大家追求生活品质，虽然生活品质没有一定的标准，但总是往艺术层面靠拢的。泡茶喝茶的品质无法从每个人的年均饮茶量显示，但可以从茶道艺术普及化的程度看得出来。

大家都知道艺术，为什么不都去音乐厅听音乐，都买艺术性高的绘画作品回家挂呢？大家都知道茶道艺术，为什么不都把泡茶喝茶像一件艺术作品般地创作出来与享用？甚至于还有那么多人批评艺术的不是？一方面是大家的喜好与生活环境不同，一方面是对艺术的解读不一样，就解读不一样而言，常误认艺术就在通俗之中，误认为艺术是无法独立于生活的。文士与村夫同处时，文士将耕作作为清闲的艺术题材，村夫觉得的是生活的辛苦，很多人用这个例子来说明艺术就在通俗之中的观点，这是不对的。喜好与生活习惯不同，自然对艺术与通俗有不同的看法；艺术有时确是存在于通俗之中，但是要独具“艺术慧眼”才能看得到、享受得到，艺术家与独具慧眼的村夫可以看见、享用，其他的人可能就视而不见了。总之，除了对艺术解读的不同外，不同艺术含量的事物还有如金字塔般地分布，艺术含量越高，创作与享用的人数一定越少。这一段的结论是：茶道艺术的存在与被追求，一定是少于通俗喝茶之道的。

日用的泡茶喝茶常占据了金字塔的基层，那是形成茶文化的基础；日用的泡茶喝茶摒除了解渴、保健、社交、表演的功能性，剩下了泡茶、奉茶、品茶本身，就形成了金字塔的中层，如果在泡茶、奉茶、品茶之中加进去美学、艺术的成分，就形成了金字塔的顶层。由于金字塔中、顶层的体积大量减少，不赞同茶道艺术的人就会很多，赞成与通俗音乐、插花、表演等相结合的众艺式茶道的人，就会占绝对的多数。有人因此就据以反对茶道艺术，以至于认为茶文化系只能开些金字塔基层的课程，认为音乐厅、美术馆都盖不成。

（蔡荣章）

泡茶空间风格即泡茶者的做人风格

先有泡茶行为，然后才有空间需求，遂产生制作一个泡茶空间的意念，泡茶空间是泡茶者创作茶汤作品时，想要追求更完整的品茶品质与意境的所在，只有他最清楚这里将会发生什么事，甚至，他想要让它怎么发生，由此可知品茶空间不得假手他人，该由泡茶者来主宰。

现在说到泡茶、喝茶的空间，常常指的是表面的形象，比如哪位有名气的设计师来设计、购置什么稀罕宝物摆放，能让来的人一见了眼珠子都要掉下来，或相反地尽找些破烂陈旧之物来堆砌；我觉得这是一个很大的误会，泡茶空间唯一存在的理由，是因为我们要用它来泡茶和享受茶，如何设置茶道器物才能让泡茶喝茶得心应手运作，远比物色知名设计师或竞拍古董这些事艰难许多。

要说泡茶空间怎么做，得先说泡茶者是什么人，要说泡茶者是什么人，就要先说品茶是什么。渴了即泡壶茶喝喝，闲了即喝杯茶聊聊，觉得茶只是满足口腹之欲或是聊天的用具而已，没有意识到可将茶建立成为人生里的一个重要志趣，即无泡茶空间可谈。

对泡茶、喝茶有热情，决定将每一个动作说得清清楚楚、做得明明白白，这就是有点诗意的泡茶了。这时人们将泡茶当作绘画、练琴等行为这般看待，泡茶者不再是漫不经心泡、喝饮料的人，他们沉浸在茶中磨炼技艺，就像画师、琴师那样走上艺术之追求，可称他们为泡茶师，泡茶师有必要、有能力整治品茶空间，务必先将泡茶推上精益求精的地步。

制作泡茶空间的大忌，是一开始就泛谈空间的风格与空间的哲学，比如强调风格该有几种类型：古代、现代，中式、西式，简朴、华丽，等等。再比如强调设置手法该用什么来区别：五行观念、排列阵法、颜色、季节、服装，等等。又或者讨论空间的长短方圆代表着什么哲理什么人生智慧，最普遍的当然是焚香、挂画、插花，全部要挨着摆在一块，如此才显得很有学问的样子。此种种说辞，使人们的思维变得狭隘、刻板，同时局限住社会对泡茶空间的鉴赏力与接受力的成长，导致目前泡茶者必须尽其所能将品茶空间维持着一贯的讨好大众的模式，也就是一直很“美”、很“哲理”。泡茶空间一直被过于简化了，以为只要用钱把专家请来或购买昂贵器物，就可以迅速让自己从无到有，但泡茶空间实应属于泡茶者的一个内在空间。

泡茶空间的制作，是泡茶师长期锻炼泡茶、喝茶的“创作”，从茶、水、器、法的运用，扩大范围到茶席的运用，再扩大到空间的运用，泡茶师需要罩住的品茶气场越来越大。如果罩得住，而且他亦举办了很多场茶汤作品欣赏会，每一场参与品茗的都有不同的人，表示这位泡茶师创作了很多“茶汤作品”，就像画师创作了很多“画作”，琴师累积了很多次的“演奏作品”。他的泡茶功夫就从技术层面进入了艺术层面，经过无数次面对那么多茶、器、水、品茗者、空间作出反应，有所领悟后，他认为这样做或那样做，这样摆或那样放，取何物、舍何器，才可让“泡茶”达到更好意境，茶汤更好喝，泡茶空间于是就瓜熟蒂落般产生了。

泡茶空间的风格，就是茶道艺术家的人生风格。除此，无它了。

（许玉莲）

后记

茶人颂

我们把你从荒野中找出来，你就这样成为了我们生命里相依偎的茶。

我们折损了你的肢体，要的是把你精炼成另一次生命的茶叶。

我们努力把你的香引发出来，做出美丽的颜色、做出让人回味无穷的滋味。

我们记得保留你原本的山头、品种、土壤，与你蜕变中形成的风格。

我们认真找出你要的水与温度，专注感应你需要在水中浸泡多久；泡出你的真味，呈现出你的灵魂。

我们在浸泡你、欣赏你的过程中，创造了属于你的美与艺术——继第一次发现你，又是另一次的喜悦。

我们依依不舍你已吐出精魂的身躯，静默着，注视着你的叶底，我们从你生命的转换中体悟了自然的运行。

我们要继续到你生长与蜕变的地方，与你共同精炼；

我们要继续在你被冲泡与品饮之中创作更多的艺术与美；

我们注视着你即将回归大地的叶底，许久，许久。

说是颂，也可以说是对茶人的期待。这个茶人可能是古人，也可能是今人。这样的古人，我们要歌颂要怀念，这样的今人，我们要歌颂，要追随。以下为颂词注解：

“我们把你从荒野中找出来，你就这样成为了我们生命里相依偎的茶。”

古人在百草中发现茶，在荒野中寻找茶，古人与今人在荒野中找茶，也自己种茶。从此茶树就变成了我们互相依偎的伙伴，我们依赖它养生，依赖它维生。

“我们折损了你的肢体，要的是把你精炼成另一次生命的茶叶。”

我们从茶树上采摘我们需要的鲜叶，我们是折损了茶树的肢体，但是我们只有这样，才能将茶树精炼成另外一个生命，这个生命周期叫作茶叶。你说茶树并不需要这样的折腾，也不需要提炼成什么另外一次的生命周期，但是茶人知道，茶是需要的，茶是天生要有几次生命周折的生命体。

“我们努力把你的香引发出来，做出美丽的颜色、做出让人回味无穷的滋味。”

茶人使出浑身解数，把鲜叶创作成他所希望的作品。这件作品必须色香味俱佳，让人们喜欢闻它、喝它、欣赏它，这是一件让人喝进肚子里的艺术作品，称作茶叶。

“我们记得保留你原本的山头、品种、土壤，与你蜕变中形成的风格。”

创作茶叶的茶人不会只顾自己的喜好与市场的需要，他会保留茶树原本的山头、品种及土壤的风味，会顾及每一棵茶树的个性。

“我们认真找出你要的水与温度，专注感应你需要在水中浸泡多久；泡出你的真味，呈现出你的灵魂。”

茶人还要继续延伸茶叶的生命，将茶叶过渡到第三个生命周期的茶汤。茶人们要知道茶叶所需要的水质、水温、壶具，还有使用的茶量与浸泡的时间，创作出深具欣赏价值的茶汤。茶人们还要将茶火炼，或将它存放十年二十年，让它蜕变成更多彩多姿的生命形态。

“我们在浸泡你、欣赏你的过程中，创造了属于你的美与艺术——继第一次发现你，又是另一次的喜悦。”

在拓展茶的生命过程中，茶人发现从茶的冲泡到奉茶到茶汤的欣赏可以成就一件艺术作品，那是以茶汤为灵魂，以泡茶、奉茶、喝茶为骨架构成的茶道艺术。这样的发现让茶人们有如第一次发现茶那么兴奋，茶道艺术又为人们的生活添加了美的事物。

“我们依依不舍你已吐出精魂的身躯，静默着，注视着你的叶底，我们从你生命的转换中体悟了自然的运行。”

欣赏完茶汤，我们知道茶叶已经奉献出了精魂，这个奉献历经茶树的成长、茶叶的制作、茶汤的冲泡，以及人们的审美与品饮，茶叶剩下的躯壳还要分解成各种元素回到大地，这是宇宙循环的道理。

“我们要继续到你生长与蜕变的地方，与你共同精炼。”

茶人们要分头学习茶的种植、学习茶的制造、学习茶的冲泡，我们才得以与茶为伍。

“我们要继续在你被冲泡与品饮之中创作更多的艺术与美。”

茶人们要从泡茶、奉茶、品茶构成的艺术行为中创造更多的艺术与美。

“我们注视着你即将回归大地的叶底，许久，许久。”

茶人捧着已经释出精魂的茶叶，回忆着茶在山头、在工厂、在茶行、在茶室的种种故事。注视着已摊开“身躯”的茶叶，许久、许久。

（蔡荣章）

图书在版编目（CIP）数据

纯茶道 / 蔡荣章，许玉莲著 . — 北京：中国轻工业出版社，2021.10
ISBN 978-7-5184-3620-0

Ⅰ . ①纯… Ⅱ . ①蔡… ②许… Ⅲ . ①茶道 - 中国 Ⅳ . ① TS971.21

中国版本图书馆 CIP 数据核字（2021）第 160518 号

责任编辑：杨　迪　　　责任终审：劳国强
整体设计：锋尚设计　　责任校对：宋绿叶　　责任监印：张京华

出版发行：中国轻工业出版社（北京东长安街6号，邮编：100740）
印　　刷：北京君升印刷有限公司
经　　销：各地新华书店
版　　次：2021年10月第1版第1次印刷
开　　本：710 × 1000　1/32　印张：7
字　　数：200千字
书　　号：ISBN 978-7-5184-3620-0　定价：49.80元
邮购电话：010-65241695
发行电话：010-85119835　传真：85113293
网　　址：http://www.chlip.com.cn
Email：club@chlip.com.cn
如发现图书残缺请与我社邮购联系调换
210440S1X101ZBW